主办 中国建设监理协会

中国建设监理与咨询

08

2016 / 1
总 第 8 期

CHINA CONSTRUCTION
MANAGEMENT and CONSULTING

中国建筑工业出版社

图书在版编目（CIP）数据

中国建设监理与咨询 08 / 中国建设监理协会主办. —北京：中国建筑
工业出版社，2016.3
ISBN 978-7-112-19211-3

Ⅰ.①中…　Ⅱ.①中…　Ⅲ.①建筑工程—监理工作—研究—中国
Ⅳ.①TU712

中国版本图书馆CIP数据核字（2016）第040244号

责任编辑：费海玲　张幼平　焦　阳
责任校对：李美娜　刘　钰

中国建设监理与咨询　08

主办　中国建设监理协会

＊

中国建筑工业出版社出版、发行（北京西郊百万庄）
各地新华书店、建筑书店经销
北京嘉泰利德公司制版
北京缤索印刷有限公司印刷

＊

开本：880×1230毫米　1/16　印张：$7\frac{1}{4}$　字数：195千字
2016年2月第一版　2016年2月第一次印刷
定价：35.00元
ISBN 978-7-112-19211-3
　　（28464）

版权所有　翻印必究

如有印装质量问题，可寄本社退换
（邮政编码100037）

编委会

主任：郭允冲

执行副主任：修　璐

副主任：王学军　王莉慧　温　健　刘伊生

　　　　李明安　汪　洋

委员（按姓氏笔画为序）：

王北卫　邓　涛　乐铁毅　朱本祥　许智勇

孙　璐　李　伟　杨卫东　张铁明　陈进军

范中东　周红波　费海玲　贾福辉　顾小鹏

徐世珍　唐桂莲　龚花强　梁士毅　屠名瑚

执行委员：王北卫　孙　璐

编辑部

地址：北京海淀区西四环北路 158 号

　　　慧科大厦东区 10B

邮编：100142

电话：（010）68346832

传真：（010）68346832

E-mail：zgjsjlxh@163.com

中国建设监理与咨询

目录 CONTENTS

辞羊岁大地绽放，迎猴年春风浩荡。在这辞旧迎新之际，《中国建设监理与咨询》编委会向一直关心支持刊物发展的各级领导、编委、广大读者和作者致以诚挚的问候和新年的祝福。

2016年是"十三五"开局之年，城市发展已经进入新的时期，在依法治国、经济新常态大背景下，中央城市工作会议胜利召开。会议提出了要加强城市地下和地上基础设施建设，建设海绵城市，加快棚户区和危房改造，推进城市绿色发展，提高建筑标准和工程质量，高度重视做好建筑节能等各项工作要求。监理行业要抓住契机，主动地适应与积极地调整，不断深化监理制度改革，加大工程质量治理行动力度，促进监理行业在新常态下取得新的更大的发展。

新的一年里，《中国建设监理与咨询》将紧密围绕陈政高部长在全国住房城乡建设工作会议上提出的"一条主线七大举措"工作部署，报道行业权威信息，搭建行业、企业发展交流与咨询的平台，继续发挥行业发展的引导作用，加强行业正能量宣传，建设好政府与企业、行业与企业、企业与企业之间交流的桥梁，推动行业进步与发展。

新常态将开启新时代，我们要紧贴时代脉搏，提升自我革新能力，搭乘新常态的顺风车，继续为国家经济建设贡献力量。《中国建设监理与咨询》全体同仁殷切期望继续得到各位领导、专家、广大监理企业以及广大读者朋友的关心和支持！

《中国建设监理与咨询》编委会

北京市地方标准《建筑工程施工组织设计管理规程》通过审查

2015 年 12 月 30 日，北京市质量技术监督局、北京市住房和城乡建设委员会共同组织召开了《建筑工程施工组织设计管理规程》(送审稿，以下简称《规程》)标准审查会。该标准由北京市监理协会、市安全质量监督总站、北京天恒建设工程有限公司主编，21 家建筑、监理和有关主管部门参编。标准审查专家由北京市政府建筑专家首席顾问杨嗣信、原《规程》2006 版的主要编写人建工集团第五建筑公司总工徐建勋等 7 名资深专家担任，杨嗣信任组长；北京市质量技术监督局、市住建委的有关领导及《规程》编写主要人员参加了审查会。审查会由市住建委科技处李欣主持。

市监理协会常务副会长张元勃简要介绍了《规程》编写情况、与《规程》2006 版的区别和突破。北京天恒工程有限公司总工杨金锋代表编写组汇报了《规程》主要技术内容及主要意见处理情况。本《规程》在原《规程》2006 版内容的基础上对主要章节进行了修改，增加了三章："基本规定"、"施工方案和专项施工方案"和"技术交底"，提请专家审查。

审查组对《规程》全部 7 个章节进行了认真细致的审查，一致认为该《规程》内容科学合理，系统性强，条理清晰，针对性和可操作性强，能够满足北京市工程项目施工管理的技术需求，对指导和规范施工组织设计文件的编制、审批、交底和落实具有重要作用。增加的章节弥补了原《规程》的不足，更加规范，很有实用性和指导意义。特别是绿色施工、环境保护、技术交底、信息化管理和推广使用新技术等内容，意识超前，使《规程》更具有创新性。本《规程》顺利通过。

市监理协会常务副会长张元勃代表编写组感谢审查组，《规程》圆满顺利的通过也是对编写组工作的肯定，编写组将根据审查组的建议尽快完成报批稿，并在此基础上编写《建筑工程施工组织设计管理规程》指南，积极准备对《规程》进行推广和宣贯。

（张宇红 提供）

中国建设监理协会水电建设监理分会四届三次会员大会在贵阳召开

2015 年 12 月 19 日，中国建设监理协会水电建设监理分会（简称水电分会）四届三次会员大会在贵阳成功召开。水电监理分会会长陈东平、副会长祁宁春等主要负责人及各会员单位代表参加会议。会议由中国电建集团贵阳勘测设计研究院有限公司（简称贵阳院）承办，贵阳院党委书记蔡金良致欢迎词。

会议围绕协会一年来的工作进行了讨论、总结，就新常态形势下水电监理行业发展所面临的情况展开讨论，审议并表决通过了水电分会《2015 年工作总结暨 2016 年工作要点》和《2015 年财务工作总结暨 2016 年财务预算》，会议进行了水电工程建设监理工作经验交流。

陈东平会长在总结讲话中对贵州水电领域开发的成功经验和贵阳院在贵州水电开发的中坚力量给予充分肯定。会议认为，在新常态下，水电分会要充分思考面临的发展问题，各会员单位要结合自身情况找准市场定位，积极适应市场经济环境，把握好行业发展机遇。

（孙玉生 提供）

山东省建设监理协会五届二次会员代表大会在济南召开

2015 年 12 月 22 日，山东省建设监理协会五届二次会员代表大会在济南召开。中国建设监理协会副会长兼秘书长修璐，省住房城乡建设厅工程建设处处长栾厚杰、省建设执业资格注册中心主任刁伟明、省住房城乡建设厅工程建设处副处长潘峰、省标准定额副站长于凤军、省建设工程质量监督总站副站长嵇飙、省建筑施工安全监督站副站长张英明，17 市住建部门监理主管处科室负责人，应邀出席会议。省建设监理协会理事长徐友全、副理事长陈文、张国强、林峰、范鹏程、付培锦、许继文、毕兆雁、赵于平、艾万发出席会议。协会会员单位代表近 400 人参加了会议。

省住房城乡建设厅工程建设处处长栾厚杰作了重要讲话，总结了山东省监理行业在标准规范建设、简化审批程序、规范市场秩序、队伍规模人员素质提升、监理服务水平提升、协会自律服务六个方面取得的成绩，指出了深化改革后行业当前存在的企业环境、企业转型发展、新型城镇化建设等突出问题，提出了今后工作努力方向和工作重点。

中国建设监理协会副会长兼秘书长修璐在大会上致辞，并作了《对建设监理行业改革与发展问题的再认识》专题报告，精彩讲演得到了与会代表的热烈掌声。

会议由省监理协会副会长兼秘书长陈文主持，审议通过了理事长徐友全关于协会 2015 年工作总结和 2016 年工作要点的报告、副理事长林峰所作的协会 2015 年度财务报告、副理事长付培锦所作的增补副理事长和接纳新单位会员的报告、副理事长张国强所作的修订建设监理行业自律公约的报告、副理事长毕兆雁所作的修订会费标准与缴纳办法的报告。会议安排了交流环节，陈刚解读了《山东省建设监理工作规程》、《山东省监理服务酬金计取规则》，胜利油田胜利建设监理股份有限公司李献国、济南中建建筑设计院有限公司监理分公司侯伟、山东营特建设项目管理有限公司曾大林分别交流了企业资本运营、网络信息化、监理规范化与项目管理科学化等经验做法。

（王丽萍　提供）

庆贺深圳市监理工程师协会党委成立和协会成立 20 周年大会暨建设监理行业改革发展战略研讨会在深圳市举行

2015 年 12 月 18 日，庆贺深圳市监理工程师协会党委成立和协会成立 20 周年大会暨建设监理行业改革发展战略研讨会在深圳市迎宾馆举行，来自深圳监理企业的负责人共 200 余人参加本次大会。

在协会党委成立大会上，深圳市社会组织管理局调研员、党委办公室主任李金宏宣读协会党委成立的批复和党委成员任命的批复；深圳市社会组织党委副书记肖卫国、中国建设监理协会副会长兼秘书长修璐共同为协会党委授牌。深圳市社会组织党委副书记肖卫国和中国建设监理协会副会长王学军出席会议并讲话。会议由副会长黄琼主持。协会党委书记、会长方向辉作了题为"乘协会党委成立东风，扬行业改革发展风帆"的发言。

在第二阶段的"建设监理行业改革发展战略研讨会"上，中国建设监理协会副会长兼秘书长修璐、北京交通大学教授刘伊生、北京市建设监理协会会长李伟、上海建设工程监理咨询有限公司董事长龚花强、深圳市监理工程师协会顾问汪振丰分别作了主题演讲，主题演讲由协会副会长付晓明主持。

在互动交流环节，中国建设监理协会副秘书长温健，中国建设监理协会机械分会会长李明安，天津市建设监理协会理事长周崇皓，重庆市建设监理协会会长雷开贵，广东省建设监理协会监事长、深圳市监理工程师协会监事长黎锐文，上海同济工程咨询有限公司董事长杨卫东，联合建管国际工程技术研究院院长邱闯，上海华城工程建设管理有限公司总裁张海峰，香港测量师学会资深测量师李国华等九位专家汇聚一堂，围绕监理行业改革发展各抒己见，分别就作为五方责任主体之一的监理如何规避风险、监理的定位、监理服务产品标准化、监理作用的发挥、监理技术与监理信息化、监理企业与项目管理、完善监理制度、监理与BIM技术、监理的第三方地位等问题进行了广泛深入探讨，并与台下参会人员互动交流。互动交流由中国建设监理协会副会长、上海市建设工程咨询行业协会副会长孙占国主持。

（赵建荣 提供）

天津市建设监理协会三届五次会员代表大会暨理事会在天津召开

2015年12月30日下午，天津市建设监理协会三届五次会员代表大会暨理事会在天津市政协俱乐部四楼会议室隆重召开。协会理事长周崇浩、副理事长李学忠、郑立鑫、赵维涛、霍斌兴、宋文婕（代）、监事会成员庄洪亮、孙志雄出席了会议。天津市建设监理行业内专家学者、协会会员单位代表百余人参加了会议。大会由协会副理事长李学忠主持。

会上播放了天津市建设监理协会2015年工作总结影像片，回顾2015年天津市建设监理行业的发展和全年工作成果，郑立鑫副理事长宣读了天津市建设监理协会2016年工作要点。

赵维涛副理事长宣读了《关于接纳单位会员入会的议案》和《关于调整天津市建设监理协会自律委员会委员的议案》，霍斌兴副理事长宣读了关于实施《关于天津市工程监理执业人员继续教育管理暂行规定》和《关于天津市建设工程监理执业人员自律管理实施两项决定》两项议案。宋文婕代副理事长宣读了《关于天津市第五届监理人员诚信评价结果的公告》和《关于对"争做美丽天津一号工程优秀建设监理企业优秀监理人"活动监理项目部予以表彰的决定》。监事会监事庄洪亮宣读了《关于对2015年度"监理项目海河杯"获奖项目表彰的决定》和《关于对2015年度优秀协会工作者表彰的决定》。

全体参会的会员单位代表投票表决通过了四项审议议案。副理事长李学忠宣读天津市建设监理协会三届五次会员代表大会暨理事会决议。

协会周崇浩理事长在会上作了重要讲话，对监理行业的改革发展的认识及2016年协会几项重点工作谈了几点意见，对于现阶段天津市监理行业比较关注的行业改革发展中的关键问题进行了详细分析，并通过对比天津市2015年与2014年的行业统计数据，分析了天津市监理行业的变化，提出协会重点应在加大行业诚信自律管理，尽快研究建立监理服务价格信息公布机制和监理取费的计费规则，为积极推进工程监理事业持续健康快速发展作出新的成绩。

天津市建设监理协会三届五次会员代表大会暨理事会在和谐友好的氛围中圆满落下帷幕。

（张帅 提供）

河南省建设监理协会召开三届一次理事会暨诚信自律公约签约仪式

2016 年 1 月 20 日，河南省建设监理协会在郑州召开三届一次理事会暨诚信自律公约签约仪式。本次会议是在新的监理价格形成机制和新的行业治理模式下，为共同营造良好的行业竞争秩序和发展环境，加快转变河南监理行业转型升级，全面提升监理服务水平而召开的。

会议听取并审议了孙惠民秘书长作的协会 2015 年工作报告，表决通过了《河南省建设监理行业诚信自律公约（审议稿）》《河南省建设监理协会诚信自律委员会工作规则（审议稿）》《河南省建设监理协会专家委员会工作规则（审议稿）》，选举产生了河南省建设监理协会诚信自律委员会委员、专家委员主任和副主任，92 家常务理事单位签署了诚信自律承诺书。

河南省建设监理协会陈海勤会长指出，一份承诺、一份决心，签署并递交诚信自律承诺书，表达了行业和企业规范治理、合规经营的决心和共识，监理企业一定要理清思路，把握机遇，在经济结构调整和产业转型升级的调整期内，找准自己的发展坐标和企业定位，把握好企业适度的经营规模，既要防止盲目扩张，也要防止过度保守。监理企业面临的风险很多，一定要在政策、技术和经营上做好风险管控，做到安全发展，不断增强风险管控能力，加强风险的识别能力和危机应对能力，做到稳中求进。诚信自律委员会要有惩治扰乱市场不正之风的决心和勇气，对于不顾全行业大局、只顾一己私利的恶意低价、扰乱市场秩序的企业和个人，要按照自律公约程序毫不留情地通报和惩戒，净化行业风气，营造良好的市场环境。

诚信自律公约签约仪式的举行，开启了河南建设监理行业自律管理的新开端，标志着河南建设监理在转变行业治理理念、提升行业治理能力、打造行业核心价值上又迈出了关键的一步，必将产生明显的示范和引领作用，引导河南建设监理行业走向专业化、精细化、规范化和标准化的时代发展之路。

（耿春 提供）

西安市建设监理协会三届二次会员代表大会在西安市召开

2016 年 1 月 19 日，西安市建设监理协会三届二次会员代表大会在西安古都新世界大酒店召开。大会由协会副会长西安普迈项目管理有限公司董事长王斌主持。

大会听取和审议了协会 2015 年度工作总结、2016 年度工作计划重点；审议通过了协会 2015 年度财务状况报告；审议通过了西安市建设监理协会《"监理行业贡献奖"评选办法（试行）》；审议通过了关于发展新会员的报告，同意接纳陕西建华工程项目管理有限公司、江苏雨田工程咨询集团有限公司陕西分公司、西安凯悦软件有限责任公司三家企业为西安市建设监理协会单位会员。

大会对 2013 ～ 2014 年度先进建设监理企业、优秀企业经理、优秀总工程师、优秀总监理工程师、优秀监理工程师、优秀监理员、优秀协会工作者进行了表彰，大会还向各会员单位发表了诚信建设倡议书。

朱立权会长就监理行业现状、监理未来和监理责任做了重要阐述；西安市建委质量安全监督站黄站长、建筑业管理处王副处长、省监理协会商会长应邀参加了会议，黄站长和商会长对市建设监理协会和监理企业的工作发展作了重要讲话。

（王红旗 提供）

天津市建设监理协会召开企业座谈会　市建委相关领导出席会议

天津市建设监理协会积极发挥桥梁纽带作用，2015年12月9日下午，市建委相关部门领导在市建交中心以座谈会的形式对天津市监理行业进行工作调研。市建委周国庆总监等一行五位领导与协会周崇浩理事长及12家监理企业代表共同出席。此次会议旨在更加全面、真实、及时地向行政主管部门反映监理行业当前存在的热点与难点问题，并提出相应的建议。领导深入基层了解民情，有利于促使监理企业健康发展。

会议首先由崇浩理事长向建委领导汇报了当前天津市监理行业的概况，并从行业自律、诚信评价、信息公开与对外宣传、行业信息化管理、法规建设与理论研究、行业人才建设、文化建设与行业交流、协会自身建设等七个方面简要介绍了协会的基本工作情况。随后，各家监理企业代表纷纷就目前天津市监理企业的困境和问题向调研领导汇报并相继提出了很多好的建议。

崇浩理事长表示：协会将在座谈会的基础上，搜集、整理、归纳企业亟待解决的问题，从法律的角度，有理有据地为政府提出好的建议，同时希望政府加大对行业和企业发展的支持力度。

国庆总监在总结发言中讲道：今天的工作调研会开得很好，今后我们要实行一年两次工作调研的议事制度。我们回去后要针对大家反映的监理企业当前运行的主要症结逐一梳理与破解，同时也要借鉴其他省市好的经验，将改进措施逐步地予以完善，同时我们还要充分发挥协会的桥梁纽带作用，支持和强化行业自律管理，全力为企业做好服务。

（张帅　提供）

河南省建设监理协会召开新春座谈会

2016年1月20日下午，河南省建设监理协会在郑州召开新春座谈会，来自全省60家监理单位的负责同志参加座谈，共叙友情，畅谈发展。

座谈会从清华附中事件切入话题，代表认为，对这起事件，从企业角度来说，不能停留在抱怨和牢骚上，必须深刻反思、吸取教训，履行好安全生产管理法定职责，建立健全项目监理机构的风险管控体系，建立底线思维和红线意识，完善监理资料文件的管理，监理能够拿得出有利有力的证据，证明已经尽职履责。另一方面，协会应加强同社会相关部门的沟通和交流，做好行业声音的传递和表达，真正做到明辨信息、解释清晰、引导到位，创新行业宣传方法，在行业话语的表达上提高能力，在众说纷纭中凝聚共识，在众声喧哗中坚定信念，为河南省监理的改革与发展赢得社会的理解与支持。

代表建议，协会应尽快成立法律咨询委员会，聘请法律专家，吸纳各路人才，整合相关资源，形成法律与工程深度融合的专业团队，制定一整套危机应对和诉求机制，在一些具有普遍性的热点难点问题上，能够表达出具有一定影响力的声音和观点，集中全行业的力量，为处于危难的企业和个人提供帮助和声援。

陈海勤会长强调，我们一定要因势而谋、应势而动、顺势而为，正确认识社会和经济发展的规律，倡导内生增长，追求绿色和可持续发展，坚持数量和质量的统一，速度和效益平衡，做到稳中求进、稳中有为、稳中提质，打好转型升级这场硬仗。监理企业应坚守执业规范，执行行业自律公约，维护行业发展秩序，营造良好的发展环境，增强行业发展的道路自信和制度自信，勇于迎接挑战，应对危机。

（耿春　提供）

中央城市工作会议在北京举行

中央城市工作会议 2015 年 12 月 20 日至 21 日在北京举行。中共中央总书记、国家主席、中央军委主席习近平，中共中央政治局常委、国务院总理李克强，中共中央政治局常委、全国人大常委会委员长张德江，中共中央政治局常委、全国政协主席俞正声，中共中央政治局常委、中央书记处书记刘云山，中共中央政治局常委、中央纪委书记王岐山，中共中央政治局常委、国务院副总理张高丽出席会议。

习近平在会上发表重要讲话，分析城市发展面临的形势，明确做好城市工作的指导思想、总体思路、重点任务。李克强在讲话中论述了当前城市工作的重点，提出了做好城市工作的具体部署，并作总结讲话。

会议指出，我国城市发展已经进入新的发展时期。改革开放以来，我国经历了世界历史上规模最大、速度最快的城镇化进程，城市发展波澜壮阔，取得了举世瞩目的成就。城市发展带动了整个经济社会发展，城市建设成为现代化建设的重要引擎。城市是我国经济、政治、文化、社会等方面活动的中心，在党和国家工作全局中具有举足轻重的地位。我们要深刻认识城市在我国经济社会发展、民生改善中的重要作用。

会议强调，当前和今后一个时期，我国城市工作的指导思想是：全面贯彻党的十八大和十八届三中、四中、五中全会精神，以邓小平理论、"三个代表"重要思想、科学发展观为指导，贯彻创新、协调、绿色、开放、共享的发展理念，坚持以人为本、科学发展、改革创新、依法治市，转变城

市发展方式，完善城市治理体系，提高城市治理能力，着力解决城市病等突出问题，不断提升城市环境质量、人民生活质量、城市竞争力，建设和谐宜居、富有活力、各具特色的现代化城市，提高新型城镇化水平，走出一条中国特色城市发展道路。

会议指出，城市工作是一个系统工程。做好城市工作，要顺应城市工作新形势、改革发展新要求、人民群众新期待，坚持以人民为中心的发展思想，坚持人民城市为人民。这是我们做好城市工作的出发点和落脚点。同时，要坚持集约发展，框定总量、限定容量、盘活存量、做优增量、提高质量，立足国情，尊重自然、顺应自然、保护自然，改善城市生态环境，在统筹上下功夫，在重点上求突破，着力提高城市发展持续性、宜居性。

第一，尊重城市发展规律。城市发展是一个自然历史过程，有其自身规律。城市和经济发展两者相辅相成、相互促进。城市发展是农村人口向城市集聚、农业用地按相应规模转化为城市建设用地的过程，人口和用地要匹配，城市规模要同资源环境承载能力相适应。必须认识、尊重、顺应城市发展规律，端正城市发展指导思想，切实做好城市工作。

第二，统筹空间、规模、产业三大结构，提高城市工作全局性。要在《全国主体功能区规划》、《国家新型城镇化规划（2014－2020年）》的基础上，结合实施"一带一路"建设、京津冀协同发展、长江经济带建设等战略，明确我国城市发展空间布局、功能定位。要以城市群为主体形态，科学规划城市空间布局，实现紧凑集约、高效绿色发展。要优化提升东部城市群，在中西部地区培育发

展一批城市群、区域性中心城市，促进边疆中心城市、口岸城市联动发展，让中西部地区广大群众在家门口也能分享城镇化成果。各城市要结合资源禀赋和区位优势，明确主导产业和特色产业，强化大中小城市和小城镇产业协作协同，逐步形成横向错位发展、纵向分工协作的发展格局。要加强创新合作机制建设，构建开放高效的创新资源共享网络，以协同创新牵引城市协同发展。我国城镇化必须同农业现代化同步发展，城市工作必须同"三农"工作一起推动，形成城乡发展一体化的新格局。

第三，统筹规划、建设、管理三大环节，提高城市工作的系统性。城市工作要树立系统思维，从构成城市诸多要素、结构、功能等方面入手，对事关城市发展的重大问题进行深入研究和周密部署，系统推进各方面工作。要综合考虑城市功能定位、文化特色、建设管理等多种因素来制定规划。规划编制要接地气，可邀请被规划企事业单位、建设方、管理方参与其中，还应该邀请市民共同参与。要在规划理念和方法上不断创新，增强规划科学性、指导性。要加强城市设计，提倡城市修补，加强控制性详细规划的公开性和强制性。要加强对城市的空间立体性、平面协调性、风貌整体性、文脉延续性等方面的规划和管控，留住城市特有的地域环境、文化特色、建筑风格等"基因"。规划经过批准后要严格执行，一茬接一茬干下去，防止出现换一届领导、改一次规划的现象。抓城市工作，一定要抓住城市管理和服务这个重点，不断完善城市管理和服务，彻底改变粗放型管理方式，让人民群众在城市生活得更方便、更舒心、更美好。要把安全放在第一位，把住安全关、质量关，并把安全工作落实到城市工作和城市发展各个环节各个领域。

第四，统筹改革、科技、文化三大动力，提高城市发展持续性。城市发展需要依靠改革、科技、文化三轮驱动，增强城市持续发展能力。要推进规划、建设、管理、户籍等方面的改革，以主体功能区规划为基础统筹各类空间性规划，推进"多规合一"。要深化城市管理体制改革，确定管理范围、权力清单、责任主体。推进城镇化要把促进有

能力在城镇稳定就业和生活的常住人口有序实现市民化作为首要任务。要加强对农业转移人口市民化的战略研究，统筹推进土地、财政、教育、就业、医疗、养老、住房保障等领域配套改革。要推进城市科技、文化等诸多领域改革，优化创新创业生态链，让创新成为城市发展的主动力，释放城市发展新动能。要加强城市管理数字化平台建设和功能整合，建设综合性城市管理数据库，发展民生服务智慧应用。要保护弘扬中华优秀传统文化，延续城市历史文脉，保护好前人留下的文化遗产。要结合自己的历史传承、区域文化、时代要求，打造自己的城市精神，对外树立形象，对内凝聚人心。

第五，统筹生产、生活、生态三大布局，提高城市发展的宜居性。城市发展要把握好生产空间、生活空间、生态空间的内在联系，实现生产空间集约高效、生活空间宜居适度、生态空间山清水秀。城市工作要把创造优良人居环境作为中心目标，努力把城市建设成为人与人、人与自然和谐共处的美丽家园。要增强城市内部布局的合理性，提升城市的通透性和微循环能力。要深化城镇住房制度改革，继续完善住房保障体系，加快城镇棚户区和危房改造，加快老旧小区改造。要强化尊重自然、传承历史、绿色低碳等理念，将环境容量和城市综合承载能力作为确定城市定位和规模的基本依据。城市建设要以自然为美，把好山好水好风光融入城市。要大力开展生态修复，让城市再现绿水青山。要控制城市开发强度，划定水体保护线、绿地系统线、基础设施建设控制线、历史文化保护线、永久基本农田和生态保护红线，防止"摊大饼"式扩张，推动形成绿色低碳的生产生活方式和城市建设运营模式。要坚持集约发展，树立"精明增长"、"紧凑城市"理念，科学划定城市开发边界，推动城市发展由外延扩张式向内涵提升式转变。城市交通、能源、供排水、供热、污水、垃圾处理等基础设施，要按照绿色循环低碳的理念进行规划建设。

第六，统筹政府、社会、市民三大主体，提高各方推动城市发展的积极性。城市发展要善于调动各方面的积极性、主动性、创造性，集聚促进城

市发展正能量。要坚持协调协同，尽最大可能推动政府、社会、市民同心同向行动，使政府有形之手、市场无形之手、市民勤劳之手同向发力。政府要创新城市治理方式，特别是要注意加强城市精细化管理。要提高市民文明素质，尊重市民对城市发展决策的知情权、参与权、监督权，鼓励企业和市民通过各种方式参与城市建设、管理，真正实现城市共治共管、共建共享。

会议强调，做好城市工作，必须加强和改善党的领导。各级党委要充分认识城市工作的重要地位和作用，主要领导要亲自抓，建立健全党委统一领导、党政齐抓共管的城市工作格局。要推进城市管理机构改革，创新城市工作体制机制。要加快培养一批懂城市、会管理的干部，用科学态度、先进理念、专业知识去规划、建设、管理城市。要全面贯彻依法治国方针，依法规划、建设、治理城市，促进城市治理体系和治理能力现代化。要健全依法决策的体制机制，把公众参与、专家论证、风险评估等确定为城市重大决策的法定程序。要深入推进城市管理和执法体制改革，确保严格规范公正文明执法。

会议指出，城市是我国各类要素资源和经济社会活动最集中的地方，全面建成小康社会、加快实现现代化，必须抓好城市这个"火车头"，把握发展规律，推动以人为核心的新型城镇化，发挥这一扩大内需的最大潜力，有效化解各种"城市病"。要提升规划水平，增强城市规划的科学性和权威

性，促进"多规合一"，全面开展城市设计，完善新时期建筑方针，科学谋划城市"成长坐标"。要提升建设水平，加强城市地下和地上基础设施建设，建设海绵城市，加快棚户区和危房改造，有序推进老旧住宅小区综合整治，力争到2020年基本完成现有城镇棚户区、城中村和危房改造，推进城市绿色发展，提高建筑标准和工程质量，高度重视做好建筑节能。要提升管理水平，着力打造智慧城市，以实施居住证制度为抓手推动城镇常住人口基本公共服务均等化，加强城市公共管理，全面提升市民素质。推进改革创新，为城市发展提供有力的体制机制保障。

会议号召，城市工作任务艰巨、前景光明，我们要开拓创新、扎实工作，不断开创城市发展新局面，为实现全面建成小康社会的奋斗目标、实现中华民族伟大复兴的中国梦作出新的更大贡献。

中共中央政治局委员、中央书记处书记，全国人大常委会有关领导同志，国务委员，最高人民法院院长，最高人民检察院检察长，全国政协有关领导同志以及中央军委委员等出席会议。

各省、自治区、直辖市和计划单列市、新疆生产建设兵团党政主要负责同志和城市工作负责同志，中央和国家机关有关部门主要负责同志，中央管理的部分企业和金融机构负责同志，军队及武警部队有关负责同志参加会议。

（张菊桃收集　摘自《新华网》）

陈政高在全国住房城乡建设工作会议上要求 全面落实中央城市工作会议精神 推动住房城乡建设事业再上新台阶

2015年12月28日，全国住房城乡建设工作会议在京召开。住房城乡建设部部长陈政高全面总结了2015年住房城乡建设工作，对2016年工作任务作出部署。

陈政高指出，2015年，在党中央、国务院坚强领导下，全国住房城乡建设系统迎难而上，奋力拼搏，全面完成了中央交给的各项任务，实现了"十二五"的圆满收官。

今年，我们迎来了中央城市工作会议的胜利召开。习近平总书记、李克强总理在会上作了重要讲话，分析城市发展面临的形势，明确做好城市工作的指导思想、总体思路、重点任务，系统部署了今后一个时期的工作。中央城市工作会议使我国城市发展掀开了历史性的一页，住房城乡建设系统上下感到欢欣鼓舞、无比振奋。我们一定要竭尽全力，全面学习宣传贯彻会议精神。

今年，我们实现了房地产市场企稳回升。由于我们认真落实了党中央、国务院决策部署，和有关部委密切配合出台了一系列措施，各地加大力度承担了调控主体责任，房地产市场呈现企稳回升态势。同时，今年棚户区改造开工580万套，创造了历史新高，货币化安置比例达到28%，对去库存发挥了重要作用。

今年，我们成功开辟了城市建设工作的新领域。启动了城市地下综合管廊和海绵城市建设，大力开展了"学习中卫经验，清洁城市环境"活动，打响了治理城市违法建筑的攻坚战。继续深入推进了工程质量治理两年行动，全国建筑工程质量总体可控、稳中有升。

今年，我们在乡村建设方面有了新作为。完成了432万户农村危房改造任务。在全国农村开展了垃圾处理、污水治理、绿色村庄建设等十项工程，不断改善农村的面貌。

今年，我们推动各项改革取得了新进展。深入推进了城市管理和城市执法体制改革、住房制度改革和住房公积金管理体制改革，稳步推进了城乡规划改革。

在部署明年住房城乡建设工作时，陈政高强调，全系统务必全面落实党的十八大和十八届三中、四中、五中全会精神，落实中央经济工作会议精神，落实中央城市工作会议对住房城乡建设工作提出的新目标、新要求。牢固树立创新、协调、绿色、开放、共享五大发展理念，推动住房城乡建设事业再上新台阶。

一是贯穿一条工作主线。要把学习贯彻中央城市工作会议精神作为贯穿明年工作的主线，认真学习领会习近平总书记、李克强总理的重要讲话精神，贯彻落实会议提出的各项重大决策部署，根据会议确定的目标任务，绘出任务图，列出时间表，明确责任单位和责任人，真正把每项工作任务落到实处。

二是巩固房地产市场向好态势。要推进以满足新市民住房需求为主的住房体制改革，把去库存作为房地产工作的重点，建立购租并举的住房制度。大力发展住房租赁市场，推动住房租赁规模化、专业化发展。进一步用足用好住房公积金。继续推进棚改货币化安置，努力提高安置比例，明年新安排600万套棚户区改造任务。实现公租房货币化，通过市场筹集房源，政府给予租金补贴。改进房地产调控方式，促进房地产企业兼并重组。进一步落实地方调控的主体责任，实施分城施策、分类调控。

三是切实树立城市规划的权威。要提高规划的前瞻性、严肃性、强制性和公开性。集中全行业力量完成全国城镇体系规划，继续做好跨省级城市群规划编制工作。全面启动城市设计，抓紧制定实施城市设计管理办法和技术导则。推进城市修补、生态修复工作。进一步培育和规范建筑设计市场，提高建筑设计水平。把县城规划建设工作提上重要日程，改善县城人居生态环境。加大对规划违法行为的处罚力度，继续抓好城市违法建筑治理工作。

四是继续大力推进城市基础设施建设。加快地下综合管廊建设步伐，全面规划启动海绵城市建设，在城市黑臭水体整治工作上取得实质性进展。

五是全面加强城市管理工作。要理顺管理体制，推进综合执法，加强队伍建设，提高服务水平。

六是加快建筑业改革发展步伐。集中精力对建筑业进行全面深入的调研，梳理出亟待解决的问题，明确今后的重点工作。筹备召开全国建筑业大会。

七是推动装配式建筑取得突破性进展。在充分调研的基础上，制定出行动计划，在全国全面推广装配式建筑。

八是抓实抓好改善乡村人居环境工作。着重推进农村垃圾治理、污水治理和绿色村庄建设等工作；完成改造危房任务；进一步加大传统村落和民居保护力度。

最后，陈政高强调，住房城乡建设系统要紧密团结在以习近平同志为总书记的党中央周围，以敢于担当的勇气、坚韧不拔的毅力和雷厉风行的作风，努力开创住房城乡建设事业的新局面，为全面建成小康社会添砖加瓦，让党中央国务院放心，让人民群众满意！

住房城乡建设部副部长易军、王宁、陆克华、倪虹，中央纪委驻部纪检组组长石生龙出席会议，易军作总结讲话。各省、自治区住房城乡建设厅、直辖市建委及有关部门、计划单列市建委及有关部门主要负责人，新疆生产建设兵团建设局主要负责人，党中央、国务院有关部门司（局）负责人，总后基建营房部工程局负责人，中国海员建设工会有关负责人，部机关各司局、部属单位主要负责人以及部分地级以上城市人民政府分管住房城乡建设工作的副市长出席了会议。

2016年1~2月开始实施的工程建设标准

序号	标准编号	标准名称	发布日期	实施日期
国标				
1	GB/T 51129-2015	工业化建筑评价标准	2015-8-27	2016-1-1
2	GB/T 51057-2015	种植塑料大棚工程技术规范	2015-5-22	2016-2-1
3	GB 50019-2015	工业建筑供暖通风与空气调节设计规范	2015-5-11	2016-2-1
4	GB 50086-2015	岩土锚杆与喷射混凝土支护工程技术规范	2015-5-11	2016-2-1
5	GB/T 51111-2015	露天金属矿施工组织设计规范	2015-5-11	2016-2-1
6	GB 51110-2015	洁净厂房施工及质量验收规范	2015-5-11	2016-2-1
7	GB/T 51109-2015	氨纶设备工程安装与质量验收规范	2015-5-11	2016-2-1
8	GB 51112-2015	针织工厂设计规范	2015-5-11	2016-2-1
9	GB 51107-2015	纤维增强硅酸钙板工厂设计规范	2015-5-11	2016-2-1

序号	标准编号	标准名称	发布日期	实施日期
10	GB/T 51106-2015	火力发电厂节能设计规范	2015-5-11	2016-2-1
11	GB 51105-2015	挤压钢管工程设备安装与验收规范	2015-5-11	2016-2-1
12	GB 51104-2015	取向硅钢生产线设备安装与验收规范	2015-5-11	2016-2-1
13	GB/T 51103-2015	电磁屏蔽室工程施工及质量验收规范	2015-5-11	2016-2-1
14	GB 51108-2015	尾矿库在线安全监测系统工程技术规范	2015-5-11	2016-2-1
行标				
1	CJ/T 261-2015	给水排水用蝶阀	2015-7-3	2016-1-1
2	CJ/T 483-2015	埋地式垃圾收集装置	2015-7-3	2016-1-1
3	CJ/T 190-2015	铝塑复合管用卡压式管件	2015-7-3	2016-1-1
4	CJ/T 482-2015	城市轨道交通桥梁球型钢支座	2015-7-3	2016-1-1
5	JG/T 151-2015	建筑产品分类和编码	2015-7-3	2016-1-1
6	JG/T 477-2015	混凝土塑性阶段水分蒸发抑制剂	2015-7-3	2016-1-1
7	JG/T 478-2015	建筑用穿墙防水对拉螺栓套具	2015-7-3	2016-1-1
8	JGJ 66-2015	博物馆建筑设计规范	2015-6-30	2016-2-1
9	JGJ/T 359-2015	建筑反射隔热涂料应用技术规程	2015-6-30	2016-2-1
10	CJJ/T 234-2015	国家重点公园评价标准	2015-6-30	2016-2-1

易军在住房城乡建设部安委会全体会议上强调
强化安全风险防范确保工作落到实处

　　2016年1月8日，住房城乡建设部副部长、部安全生产管理委员会主任易军主持召开了住房城乡建设部安全生产管理委员会全体会议。会议传达了习近平总书记、李克强总理近期有关安全生产的重要指示批示和全国电视电话会议精神，总结、交流了2015年住房城乡建设系统安全生产工作情况，部署了2016年的重点工作。

　　易军说，部安委会各成员单位要深入落实习近平总书记、李克强总理重要指示批示精神，把思想和行动统一到党中央、国务院的决策部署上，牢固树立安全发展理念，坚持人民利益至上，真抓实干，确保全行业安全生产落到实处。要全面深入开展安全生产监督检查，加强安全生产基础能力建设，完善安全生产防控体系，加快薄弱环节整改，建立长效机制，坚决遏制重特大生产安全事故发生。要继续努力、再接再厉，保一方平安。

　　岁末年初，事故易发多发。易军要求，部安委会各成员单位要深刻汲取近期多起重特大事故，特别是深圳"12·20"渣土受纳场滑坡事故教训，部署各地全力做好抓好岁末年初和春节、"两会"期间安全生产工作。一方面，要认真开展安全隐患大排查大整治。各地要进一步强化红线意识和责任担当，对住房城乡建设系统安全生产工作进行再检查再落实，主要领导要亲力亲为，深入一线督促检查，切实把责任和措施落到实处。另一方面，要强化城市运行安全风险防范。督促各地加强城市道路桥梁、隧道工程、燃气管线和公园、风景区等人员密集场所安全风险排查，迅速部署开展弃土填埋场安全隐患大排查。同时，督促各地加强弃土填埋场的建设及运营管理，提高监管能力，加大对违法违规行为查处力度；加强城市房屋建筑、危旧房屋的安全风险排查；加强对城市地下管廊、地下管网全风险排查；加强玻璃幕墙的安全风险排查；强化对重点安全隐患的监督检查、监测监控并严格落实安全防范措施。

2016 年是"十三五"的开局之年，易军指出，住房城乡建设部要督促各地采取有力措施扎实抓好住房城乡建设系统安全生产工作。一是着力完善落实安全生产责任制。要狠抓企业主体和监管部门安全生产责任制的落实。二是着力遏制重特大事故的发生。要深入开展各类隐患风险排查和重点领域专项整治，强化事故调查处理。三是着力提升安全生产法治化水平。要加快《建筑法》、《建设工程安全生产管理条例》等制定、修订工作，完善相关安全生产标准规范，切实加强监督检查。四是着力夯实安全生产基础和能力建设。要大力推进企业安全生产标准化建设，提升安全监管规范化、信息化水平和安全生产保障能力。五是落实好国家反恐办及国务院应急办等相关工作部署。

（摘自《中国建设报》曹莉）

国务院关于取消一批职业资格许可和认定事项的决定

国发〔2016〕5号

各省、自治区、直辖市人民政府，国务院各部委、各直属机构：

经研究论证，国务院决定取消61项职业资格许可和认定事项，现予公布。同时，建议取消1项依据有关法律设立的职业资格许可和认定事项，国务院将依照法定程序提请全国人民代表大会常务委员会修订相关法律规定。

各地区、各部门要切实转变管理理念和管理方式，加强对职业资格实施的评估检查，建立事中事后监管机制，营造更好激励人才发展的环境，推动大众创业、万众创新。人力资源社会保障部要会同有关部门抓紧制定公布国家职业资格目录清单并实行动态调整，在目录之外不得开展职业资格许可和认定工作，逐步建立科学合理的国家职业资格体系，让广大劳动者更好施展创业创新才能。

附件：国务院决定取消的职业资格许可和认定事项目录（共计61项）

国务院

2016 年 1 月 2 日

（此件公开发布）

国务院决定取消的职业资格许可和认定事项目录

（共计 61 项）（本文摘录涉及建设工程领域）

一、取消的专业技术人员职业资格许可和认定事项（共计 43 项，其中准入类 5 项，水平评价类 38 项）（涉及建设工程领域 12 项）

序号	项目名称	实施部门（单位）	资格类别	设定依据	处理决定	备注
1	公路水运工程造价人员资格	交通运输部	准入类	《建设工程勘察设计管理条例》（国务院令第293号）	取消	
2	中国工程建设职业经理人	国家发展改革委	水平评价类	《中国施工企业管理协会章程》	取消	
3	勘察设计行业工程总承包项目经理	住房城乡建设部	水平评价类	《关于在全国工程勘察设计行业开展工程项目经理资格考评工作的通知》（中设协字〔2007〕第12号）	取消	
4	全国建设工程造价员资格	住房城乡建设部	水平评价类	《关于统一换发概预算人员资格证书事宜的通知》（建办标函〔2005〕558号）《全国建设工程造价员管理办法》（中价协〔2011〕21号）	取消	
5	建设项目职业病危害放射防护评价报告书编制资格	国家卫生计生委	水平评价类	《职业卫生技术服务机构管理办法》（卫生部令第31号）《关于开展职业卫生技术服务机构资质审定工作的通知》（卫法监发〔2002〕309号）《关于职业卫生监管部门职责分工的通知》（中央编办发〔2010〕104号）	取消	
6	煤炭行业监理工程师	中国煤炭建设协会	水平评价类	《煤炭建设监理工程师资格考试及注册实施细则（试行）》（煤规字〔1995〕第51号）	取消	原实施单位为国务院国资委管理的行业协会
7	煤炭建筑施工企业项目经理	中国煤炭建设协会	水平评价类	《煤炭建筑施工企业项目经理资质管理办法》（煤规字〔1995〕第172号）	取消	
8	冶金行业造价师	中国钢铁工业协会	水平评价类	《关于由中国建设工程造价管理协会归口做好建设工程概预算人员行业自律工作的通知》（建标〔2005〕69号）《全国建设工程造价员管理办法》（中价协〔2011〕21号）	取消	
9	电力行业监理工程师、总监理工程师	中国电力建设企业协会	水平评价类	《全国电力行业监理工程师和总监理工程师管理办法》（中电建协〔2005〕25号）	取消	
10	电力施工建设企业项目经理岗位资格	中国电力建设企业协会	水平评价类	《电力工程项目经理职业岗位资格管理办法》	取消	
11	电力建设工程调试职业资格	中国电力建设企业协会	水平评价类	《电力工程调试能力资格管理办法（2013版）》（中电建协调〔2013〕7号）	取消	
12	铁路建设工程监理员	中国铁路总公司	水平评价类	《铁路建设工程监理员执业资格管理办法》（建协〔2003〕13号）	取消	

二、取消的技能人员职业资格许可和认定事项（共计 18 项，均为水平评价类）（略）

深化改革大家谈

编者按：

近日，全国住房城乡建设工作会议在京召开。住房城乡建设部部长陈政高从 5 个方面全面总结了 2015 年住房城乡建设工作，并对 2016 年工作任务作出 "一条主线七大举措" 部署，提出要继续深入推进工程质量治理两年行动，保证全国建筑工程质量总体可控、稳中有升，集中精力对建筑业进行全面深入的调研，梳理出亟待解决的问题，明确今后的重点工作，加快建筑业改革发展步伐。

工程建设监理制度如何改革，监理行业如何发展，是目前行业与企业都在思考的问题，本期编辑刊登了部分人员对于工程建设监理制度改革和监理行业发展的一些想法与看法，供广大读者进行交流与讨论。

对完善工程监理制度改革的思考

深圳市监理工程师协会　汪振丰

摘　要： 住建部提出完善工程监理制度的改革，个别省市率先提出取消强制监理制度的试点方案。从监理制度建立的背景和目的来思考实施监理制度的意义，通过对监理行业存在问题的分析，思考监理制度改革的方向，针对监理制度的法律地位和存在的必要性，提出对完善监理制度改革的建议。

关键词： 建设工程监理制度　工程监理　项目管理

引言

住建部【2014】92号文《关于推进建筑业发展和改革的若干意见》第七条提出要"进一步完善工程监理制度"，个别省市率先提出取消强制监理制度的试点方案，给监理行业乃至全社会带来巨大冲击。

中国的监理制度从推行之初到现在，历经20多年，却一直存在争议，焦点是制度对监理的定位不十分清晰，特别是对监理责任没有明确的界定，以及行业和社会各界对工程监理的认识不统一，从而在执行过程中对出现的问题持不同的态度和观点。那么，是不是这个在国际上通行的做法在中国的国情下完全不适应，到了需要彻底否定而建立一个新的替代方案的时候？或者应该在认真分析和思考问题根源的前提下，对顶层设计进行深化改革，从理论上统一认识，在法律上清晰定位，从而使这项制度在保障工程质量方面发挥不可替代的积极作用？

一、从建设监理制度的建立看监理的定位

1. 建设监理制度建立的背景和目的

计划经济时期，我国建设工程实行的是业主自我建设自我监管的"自拉自唱"的传统管理模式，这种临时筹建的工程管理机构既不能做到专业化也无法使管理经验积累承袭，更没有监督措施来约束其弄虚作假。20世纪80年代进入改革开放的新时期，建设规模的不断扩大以及多元化投资主体的出现，使旧的传统管理模式受到挑战，项目管理能力参差不齐、运作不规范等问题随之而来，形成了对工程建设监管的强烈需求。建设工程监理制度的创立，能够培育出工程建设市场化运作的监管主体，实现工程建设的专业化分工，使工程建设及管理适应改革开放形势的要求；此外，国际金融组织在提供国内建设工程项目贷款时，其中条件之一就是要求必须采用"FIDIC合同条件"，由专业化的咨询机构为投资者提供项目咨询并实施项目管

理，这个以咨询工程师为核心的管理模式是欧美经济发达国家的通行做法，因为咨询工程师作为独立、公正的第三方实施对承建单位的施工过程进行严格、细致的监督和检查，因此，为了与国际惯例接轨，国外称之为工程咨询或工程管理的引入就成为必然。

由此可见，创立建设工程监理制度的目的有三个：一是协助建设单位做好项目管理工作；二是与国际工程管理的惯例接轨；三是培育工程建设市场化运作的监管主体，把建设工程的监督管理分离出来。

2. 实施建设工程监理制度的意义

建设工程监理制度的引入，改变了我国传统的工程建设管理模式。20多年来的实践证明，工程监理对我国经济建设，保障工程质量安全，保障社会和公众利益方面做出了巨大的贡献，功绩显著，有目共睹。首先，监理促进了政府建设主管部门的职能转变。监理制度建立之前，建设工程在施工过程中的实体监督、工程隐蔽验收和竣工验收均由政府建设主管部门负责，政府不但要组织力量参与工程建设的具体过程，还要承担监督责任，这种既当裁判员又当运动员的状况完全不能适应社会主义市场经济的建设体制，通过建设工程监理制度的引入，建设主管部门的管理职能就转变为对建设市场的行政立法和行为监管，而建设工程的实体监管则由市场化运作的监理企业具体实施。其次，监理在建设工程施工现场的实体监管过程中，发挥着保障工程质量的独立第三方监督作用，因为政府建设主管部门对建设市场的行政立法和行为监管只构成对工程建设参与方的建设行为最基本的约束，它要求工程建设各参与方的建设行为都应当符合法律、法规、规章和市场准则，而要做到这一点，仅仅依靠各参与方的自律机制是远远不够的，还需另一种约束机制，特别是在建设工程实施过程中的建设行为约束，通过建设工程监理制度的引入，工程监理企业可依据委托监理合同和有关的建设工程合同对承建单位的建设行为进行监督管理，由于这种约束机制贯穿于工程施工的全过程，采用事前、事中和事后控制相结合的方式，可以有效地规范各承建单位的建设行为，最大限度地避免不当建设行为的发生，即使出现不当建设行为，也可以及时加以制止，最大限度地减少其不良后果。最后，监理在提升工程管理水平，特别是在保障工程质量方面发挥了巨大作用。正如有国家领导人曾经评价说："工程监理是借鉴国际工程项目管理经验，促进工程建设管理水平提高，保障工程质量和投资效益的重要措施。工程监理是受项目法人委托，对施工全过程进行监督，确保工程质量的一项重要制度"。

3. 我国法律法规及标准规范对工程监理制度的定位与监理理论的差别

《建筑法》第三十二条规定：建筑工程监理应当依照法律、行政法规及有关的技术标准、设计文件和建筑工程承包合同，对承包单位在施工质量、建设工期和建设资金使用等方面，代表建设单位实施监督。工程监理人员认为工程施工不符合工程设计要求、施工技术标准和合同约定的，有权要求建筑施工企业改正。工程监理人员发现工程设计不符合建筑工程质量标准或者合同约定的质量要求的，应当报告建设单位要求设计单位改正。

《建设工程质量管理条例》第三十六条至第三十八条规定：工程监理单位应当依照法律、法规以及有关技术标准、设计文件和建设工程承包合同，代表建设单位对施工质量实施监理，并对施工质量承担监理责任。工程监理单位应当选派具备相应资格的总监理工程师和监理工程师进驻施工现场。未经监理工程师签字，建筑材料、建筑构配件和设备不得在工程上使用或者安装，施工单位不得进行下一道工序的施工。未经总监理工程师签字，建设单位不拨付工程款，不进行竣工验收。监理工程师应当按照工程监理规范的要求，采取旁站、巡视和平行检验等形式，对建设工程实施监理。

《建设工程安全生产管理条例》第十四条规定：工程监理单位应当审查施工组织设计中的安全技术措施或者专项施工方案是否符合工程建设强制性标准。工程监理单位在实施监理过程中，发现存在安全事故隐患的，应当要求施工单位整改；情况严重的，应当要求施工单位暂时停止施工，并及时报告建设单位。施工单位拒不整改或者不停止施工的，工程监理单位应当及时向有关主管部门报告。工程监理单位和监理工程师应当按照法律、法规和工程建设强制性标准实施监理，并对建设工程安全生产承担监理责任。

《建设工程监理规范》（GB/T 50319-2013）的建设工程监理定义：工程监理单位受建设单位委托，根据法律法规、工程建设标准、勘察设计文件及合同，在施工阶段对建设工程质量、进度、造价进行控制，对合同、信息进行管理，对工程建设相关方的关系进行协调，并履行建设工程安全生产管理法定职责的服务活动。

《建设工程监理概论》等理论教科书明确指出：我国的建设工程监理是专业化、社会化的建设单位项目管理，所依据的基本理论和方法来自建设项目管理学。监理的工作内容是三控制二管理，监理工作的原则是要处理好质量、进度、造价的对立统一关系，还要体现出工作的"服务、科学、独立、公正"的性质。

对比以上法律、法规所确立的建设工程监理制度体系与监理理论教科书对建设工程监理的定义可以看出：我国监理制度体系赋予工程监理的定位、权利和职责与工程监理的基础理论有着很大的差异，其差异的核心内容就在于监理的基础理论是从管理理论和方法的角度来定义的，它将建设工程监理等同于国外的建设工程项目管理，监理工程师的职能等同于FIDIC合同条件中的咨询工程师，是为建设单位提供咨询服务，要求全过程、全方位，还必须要处理好质量、进度和造价的对立统一关系，体现"服务、科学、独立、公正"的特性。而法律制度体系却定位工程监理是对工程施工质量和安全生产管理的社会化监督服务活动，并赋予了监理单位和监理人员法律层面的义务、权利和职责。

事实上，尽管建立工程监理制度之初，确实要求监理既能协助建设单位做好项目管理工作，又能对施工过程实施监督。但在实践过程中，一般情况下建设单位都不会将项目管理工作的实权部分放手给监理机构，而且由于建设单位项目管理与施工现场监督管理的工作内容、性质以及职责又有很大差别，再加上监理从业人员对监理的理解来源于监理理论和监理规范及监理合同，而政府建设主管部门对监理的执法监管则依据法律、法规以及地方和部门规章。同一个制度，不同的内容理解，不同的工作要求，行为与期望的差异，在不同角色的人群中以自身的认识来对工程监理进行定位，矛盾与冲突就自然发生了。

二、由监理行业存在的问题看监理制度改革的方向

1. 监理行业存在的问题

监理制度在20多年的实践中，从参与市场的各方主体以及政府建设主管部门的角度来总结所暴露出的问题，具体表现有：监理企业和从业人员抱怨行业地位低，恶性竞争，待遇低，责权不对等。施工单位则出于自身利益的本能抵触，不积极配合，国情与习惯势力也使得其不会因为有监理而变得不违规。建设单位对监理的价值不认同，认为花钱请监理得不到所期望的服务，只是为了满足政策法规的要求，项目的过程管理不放权。社会各界对监理有误解，认为监理是工程质量安全的保证，一旦发生质量或安全事故，就会认为与监理失职甚至腐败有关。而政府建设主管部门则认为，是因为政府推行了强制监理制度，给监理企业和从业人员提供了工程监理的市场机遇，监理理应珍惜机会并尽职尽责，从而对监理的社会责任尤其是工程质量、安全责任的预期较高，期望监理扮演政府管理职能的左膀右臂，将监理视作施工质量安全监管的第三只手，认为有监理就不应该出问题，一旦施工现场出现质量安全事故，监理就一定有责任，这种情节无不体现在政府对监理的立法上和执法中，这是完全的想当然、拍脑袋，将责任主体自身的不足一厢情愿地交由第三方来弥补，片面强调第三方的作用而忽视主体自身责任所带来的后果。事实上，工程质量是施工单位干出来的，而不是监理单位"监"或"检"出来的，这么说，并不是开脱监理的责任，因为影响工程建设的潜在干扰因素很多，而这些因素并不是监理工程师所能完全驾驭和控制的，监理工程师只能在许可的条件下力争最大限度地减少或尽量避免这些干扰因素对建设目标的影响。

此外，政府建设主管部门"建设、勘察、设计、施工、监理五方责任主体"的提法又或多或少地混淆了工程责任的主次，实际上，五方责任不是对等的，也不应该是责任共担的。直到最近，才有相关文件明确指出：建设单位对工程质量承担全面责任；施工单位对工程质量和安全生产承担主要责任；监理单位对施工质量安全承担监理责任。然而，没有任何一个法规文件明确描述过监理责任究竟是什么，当然，一般的理解是，监理没有按照法律法规去进行监理引起不良后果的属于监理责任，而监理如果按照法律法规和标准规范开展了监理工作并监理到位，对施工单位的故意违规操作或意外事故不承担监理责任，监理责任的任意放大是执法者对法律的片面理解和对监理定位的误解造成的。上述监理行业存在问题的根源是监理定位错位引致的，而监理定位的错位是监理理论与法律法规的不一致导致大家在认识上的差异所造成的。

2. 对监理行业存在问题的认识误区

工程监理制度20多年的实践，暴露出的问题使得政府建设主管部门和行业不断有强烈的改革呼声，各种建议和意见层出不穷，有些建议很能切中要害，抓住重点，但也有许多认识误区在误导着整个行业甚至政府的改革决策，典型的有：

认识误区之一："工程监理就是建设单位项目管理"。事实上，监理制度在引入之初，确实是想定位于工程咨询机构为建设单位提供项目管理，同时实施对施工过程的质量监督，监理工程师也等同于国际咨询工程师。但在实际的历史演变中，强制监理的服务内容通过法律法规的形式明确后，则是以在施工阶段对工程质量进行控制和对施工单位安全生产管理的工作进行监督为主，兼顾进度控制、信息管理和组织协调，而项目的投资控制、合同管理的工作内容基本上没有纳入强制监理的服务内容之中，现场监理工程师的主要工作是按照工程监理规范的要求，采取旁站、巡视和平行检验等形式，对建设工程实施监理。但是，仍然有许多业内人士坚持呼吁工程监理就应该是建设单位的项目管理，建设单位应该全权委托（或放权给）监理做施工现场的项目管理工作，强调监理是高智能的技术咨询服务，不是施工现场的监工。这种认识上的误区极大地误导了业内的从业人员，甚至引致政府建设主管部门对监理产生不好的看法。本人认为，我国的监理制度的实际定位，已经不具有任何建设单位项目管理的特点了，从法律法规的角度而言，完全就是施工阶段的工程质量监督和对施工单位安全生产管理工作的监督和检查。在当前我国建设市场的实际情况下，工程质量的保障至关重要，第三方的独立监督不可或缺，监理就应该履行好法律法规赋予的职责，从业人员就应该按照监理规范的要求，采取旁站、巡视和平行检验等形式，充分利用信息化的先进手段，做好质量监督，不要再用建设单位项目管理的工作来定位现场的监理工作而误导整个行业。

认识误区之二："监理合约要求为业主服务与政府和社会要求监理应当成为独立第三方相左"。实际上，工程建设监理的本质是施工过程的监督服务，是一种社会化、专业化、市场化的技术服务，通过监理合同为业主提供服务，与具有相对独立的第三方性质并不矛盾。为什么一定要将"为业主服务"与"独立第三方"对立起来呢？在其他咨询服务领域，也有同时具备为业主服务和独立第三方特性的例子，如独立会计师强制审计，我国《公司法》第一百六十四条规定，公司应当在每一会计年度终了时编制财务会计报告，并依法经会计师事务所审计，费用由公司支付。同样，委托人花钱委托公证或鉴定机构提供第三方的公证或鉴定报告，同样不失其独立公正性，关键在于法律法规对这样的服务如何定位。

认识误区之三："建设单位具备项目管理能力还要强迫出钱请监理帮政府做事，监理沦为一仆二主"。这样的认识错误同样来自将工程监理等同于建设单位项目管理，监理制度定位于监理为建设单位提供施工过程的质量监督等现场监督和管理服务，不是建设单位的项目管理工作，何时建设单位在监理合同内容中要求监理提供项目管理了？同样，监理履行职责不是帮政府做事，是在依照法律法规和建设标准的前提下，完成合同义务而获取回报。政府只监督监理的行为合法性，监理履行职责不是帮政府做事。"监理沦为一仆二主"的此类伪命题经不起任何推敲，只能引起大家的认识混乱。

之所以产生以上提到的各种各样的认识误区，其根源还是在于将工程监理行业与国外的咨询业简单地等同，总是坚持认为工程监理所从事的工作内容就应该是建设单位的项目管理，总是把工程监理说成是为建设单位提供工程咨询服务，总认为自己是提供高端的智力服务，不应该做现场的监工。前提的谬误，必然导致认识的错误。

3. 监理制度改革应以针对问题为导向，解决问题为目的

监理行业存在的问题涉及参与建设工程的各有关方。国情使然，建设单位对制度要求请监理不断给政府部门发出反对的声音，而施工单位不会因为政府赋予监理更大的监督权力而减少其违法违规的行为，而强化对监理的问责反倒令监理行业怨声载道，政府部门实感尴尬。各方改革的呼吁不断，政府建设主管部门的主动改革动力也十足，这是好的改革基础条件。但是，监理制度的改革关系到千家万户，关系到工程质量的保证，改革方案一定要以针对问题和解决问题为导向。

有人错误地认为，强制监理制度属于政府干预建设市场，强制性监理与市场经济的原则和规律相违背。众所周知，市场经济的原则和规律并非没有市场准入和必要的行政许可，我们决不要被"强制"二字误导了，不能认为"强制"就违背市场规律，监理制度的强制不是体现在制度本身，而是体现在实行监理制度的"强制"范围方面。我国乃至全世界都有工程设计制度，涉及生命安全的建筑物，各国都规定必须由具备资格的专业人士来设计，然而，有谁会说强制设计制度？又有谁会说设计制度不是市场化的国家制度？不能一看到"强制"就认为不是市场化，西方国家是市场经济，但西方国家均有类似的施工监督制度，美国、日本、英国以及引用英国法律的我国香港特区都以法律的形式规定工程施工过程中必须经过符合资格人士对施工质量安全进行监督或称"工程监管"，只不过执行工程监管的团队往往是为本项目服务的设计顾问或项目管理机构，是将设计和现场监督或项目管理和现场监督合并执行而已。在新加坡，政府实行强制监理制度，所有工程都必须由现场监理工程师（Site Supervisors）实行全过程的监理。我国改革开放以来，通过不断地引进西方的先进管理制度，结合自身的国情特点，基本上建立起了比较完善的三个层次的建设工程质量监督管理体系：第一层次的执法监督，即政府建设主管部门委托质量监督机构，代表政府行使对建设工程行为主体（包括建设、勘察、设计、施工、监理单位）的合法性监督；第二层次的社会监督，即监理企业受建设单位委托派出以总监理工程师为代表的现场项目监理机构，根据委托内容代表业主监管施工单位，通过道道工序检查、层层把关签字，行使独立第三方的监督；第三层次的监督则是建设单位的现场项目管理，它属于项目开发单位对产品生产过程监督的内部质量控制措施，其目的是确保产品符合开发设计意图的质量要求。三个层次的监督管理虽然有着相互联系、相互影响的关系，但是相互独立，三者有机的结合构成了建设工程既独立又统一的质量监督管理体系，缺一不可，互相不可替代。

也有人提出，强制监理取消后，工程质量的现场监督由建设单位的项目管理团队来执行，工程质量监督责任也不会缺位，质量责任回归建设单位。我们知道，建设单位是以追求利益最大化的临时业主，项目管理能力再强也不能代替第三方对施工过程的监督。质量保证建立在临时业主的诚信和自我监督之上，在当前的市场环境下，必然导致工程质量监督的缺位，"监守自盗"恐难避免。甚至还有人提出，对非国有投资的项目，建设单位可以选择不要监理，改由自己用项目管理来取代，只要自己承担相应的法律责任就可以了。实际上，要不要监理进行独立第三方的工程质量监督与项目的投资性质无关，对于涉及公众生命安全的建筑物，如剧院、体育场馆、公寓、住宅等，无论是谁投资，其建设过程必须要受到第三方的监督，如果是私人机构投资这类项目，更应该要求有独立第三方监督，更应该用制度来约束其实现质量的保证，否则，后果不堪设想。在我国的香港特别行政区，法律规定私人

机构投资项目必须有独立第三方的顾问公司做现场施工过程的质量安全监督，而政府投资项目，担任现场监督的机构只要是不同管理架构体系的领导管辖即可。再从国际惯例的角度来看，还没有看到哪个国家的建设工程管理制度采用的是自我管理、自我监督的体系，在还没有其他有效的替代方案出台之前，就变相取消这项监督制度是十分危险的。

也有行业内实力雄厚且有相当的工程咨询和项目管理经验的企业错误地认为，取消强制监理可以避免政府赋予监理身上的质量和安全责任，反倒有助于监理企业的轻装上阵和整体实力的提升。有如此想法还是将实施施工现场监督管理的监理与项目管理混淆了，事实上，取消监理制度并不会给项目管理腾出发展的空间和广泛的需求市场，因为，实施第三方监督管理的工程监理在中国的实践历程中，从来就没有与工程咨询和项目管理的市场有交集，也并没有因为给业主提供了工程监理而影响了取得工程咨询和项目管理的机会。正好相反，有工程监理会对你的工程咨询和项目管理产生协同效应。

监理制度改革所应针对的问题从大的方面说应该是建设工程整个体系的改革配套问题，从小的方面说是监理定位问题，是需不需要第三方对施工过程进行质量监督的问题，是国际惯例是否有第三方监督制度的问题；当然还有建设工程监理是建设单位项目管理还是项目管理加现场监督，又或是监理仅仅指的是施工现场的质量监督和安全生产监督管理的问题。监理的定位需要追溯到监理制度建立的法律法规所规定的监理工作内容以及监理责任的界定，还有监理理论与监理行业对监理本身的认识。一旦将法律法规对监理的定位与监理理论达至统一，监理责任得以界定明确，理论与实践的矛盾消除，监理制度存废的问题将迎刃而解，更不用为强制二字而纠结了。

三、对完善监理制度改革的建议

1. 进一步明确定位建设工程监理与区分建设单位项目管理

建设工程监理是监理企业受业主的委托，派出以总监理工程师为核心的项目监理机构团队，在施工现场实施"三控制两管理一协调再加安全生产管理法定职责"的服务活动。而按照建设部2004年颁布实施的《建设工程项目管理试行办法》第六条的规定，工程项目管理业务范围包括：协助业主方进行项目前期策划，经济分析、专项评估与投资确定；协助业主方办理土地征用、规划许可等有关手续；协助业主方提出工程设计要求、组织评审工程设计方案、组织工程勘察设计招标、签订勘察设计合同并监督实施，组织设计单位进行工程设计优化、技术经济方案比选并进行投资控制；协助业主方组织工程监理、施工、设备材料采购招标；协助业主方与工程项目总承包企业或施工企业及建筑材料、设备、构配件供应等企业签订合同并监督实施；协助业主方提出工程实施用款计划，进行工程竣工结算和工程决算，处理工程索赔，组织竣工验收，向业主方移交竣工档案资料；生产试运行及工程保修期管理，组织项目后评估；项目管理合同约定的其他工作。可见，项目管理与工程监理的业务范围在规范和法规层面上没有任何重叠。

但是，仍然有许多监理企业为了提升对业主的服务质量，获得好口碑、好声誉，甚至为获得更多的商业机会，为业主提供一些增值服务，渗透到项目管理的服务范围里去。其实，这样做效果如何完全取决于业主的感觉，但在事实上造成了工程监理与项目管理业务的混淆，有时反而会影响到工程监理的服务质量，把应该由工程监理做的事没有做好，当出现质量或安全的意外事件时，受到政府建设主管部门甚至是业主的处罚，倍感冤屈。我认为，监理制度的改革一定要从理论上、认识上和法律层面上将施工过程的工程监理与咨询工程师的项目管理区分开来，工程监理不应该给建设单位提供咨询服务和方案优化的增值服务；应该将工程监理和工程咨询服务割裂开来，将工程监理的服务内容与工程咨询的服务内容混在一起一定会导致建设单位对监理定位的错位认识，监理是以保障质量为先决条件的，工作重点不是处理好质量、进度和造价的对立统一关系，但项目管理理应处理好这个对立统一的关系。监理企业绝不可以拿优化设计和优化施工方案的建议体现价值来赢得监理业务。优化方案的建议应该由工程咨询和项目管理来提出，这才是非强制项目管理的价值所在。行业内也曾有实行工程监理和项目管理一体化服务的提法，这种提法实际上就已经将工程监理与项目管理在思想认识上分离开来了，已经定位于工程监理不是项目管理也不包含项目管理。

事实上，工程监理服务的内容主要是对施工工程实体的质量控制和对施工单位安全生产管理的监督和检查，工程监理的实质是施工监管，核心内容是质量监督，包括材料、工艺、过程验收及竣工验收，按照法律法规、建设标准以及合同约定，监理对质量监督工作负责。出于保障生命安全为目的，对施工过程的安全生产管理进行监督和检查，但并不承担生产者违法违规或意外引起的生产事故责任，笔者在香港工作期间就亲身经历了香港工程监理的实际情况，监理工程师虽然在施工过程中检查各项安全措施，监督和督促承包商的安全生产工作，但监理工程师并不承担因安全事故引致的责任，除非监理工程师对承包商发出有关安全事项的明确指示，直接导致了事故的发生，其他情况只有且只能由生产者对自身安全生产负全责。

如果坚持说我国的工程监理就是国际上公认的建设单位项目管理，那么，强制监理制度真的可以取消了，但同时必须建立一个施工监督制度。

2. 监理制度的法律地位及存在的必要性

众所周知，每项建设工程都是一个非标准产品，具有个性化、一次性、单价性、不可复制的特点，而其生产过程包含有大量而复杂的隐蔽工程（程序），质量的优劣涉及生命安全与否。而最终消费者对其使用的建筑产品的质量评估是力不从心的，完全靠建设单位（开发商）的诚信及自觉的社会质量意识来保证产品质量的可靠性，在当前的社会发展阶段恐怕还不现实，代表公众利益对（建筑）产品进行质量评估或生产过程监控的独立第三方是十分必要的。不能因为有腐败和同流合污就否定第三方的必要性，也不能因为是建设单位花钱请

监理就认为不具有独立性，建设工程质量的第三方过程监督必须由制度来保障。

我国当前仍然处于工程建设的快速发展时期，建设市场规模大，管理不规范，保证施工阶段工程质量安全仍是政府和社会关注的主要矛盾。因此，现阶段监理制度只能加强，不能削弱。工程监理制度是中国改革开放引入西方先进管理体系的产物，建设工程监理制度体系在20多年来的实践过程中并没有暴露出制度本身存在的弊端和对建设市场指导方面的不适应。监理的定位问题实质上是不同角色的代表者对制度的认识问题，监理责任的无限放大是基层主管部门不恰当的演绎和野蛮执法造成的，罪不在制度本身，制度的意义在于监督与制衡。正如已故原中国监理协会会长张青林2007年11月在中国建设监理首届峰会上的讲话中所述，"在创建、发展监理事业的进程中，我们深切认识到只有把这项制度摆在国家的社会制度体系建设中去理解去领悟才会感到更加深刻和必要。不言而喻，加强固定资产投资在建设实施过程中的监督管理，是我国监督管理制度体系中的重要组成部分。任何体制、制度、机制如少了制衡、缺了监管，就一定是个不合理的体制、不健全的制度、不平衡的机制。这就是说社会制度体系的建立是少不得监督管理方面的。监督管理制度不但体现在政治制度建设当中，更需要体现在市场经济各个领域的体制、制度和运行机制的建设之中。也就是说完善社会主义市场经济秩序一个重要的任务就是建立健全全社会的监督管理制度体系"。

西方国家均有类似的制度，我国的香港特区沿袭英国的法律和制度，对建筑工程的质量和安全管实施"质监督"（Quality Supervision）和"现场安全监督"（Site Safety Supervision）的"监督计划书制"（The Supervision Plan System）。美国也有类似的施工监理制度，明确规定对施工过程进行"项目旁监"（Project Management Over-Sight）。由此，建议政府建设主管部门尽快制定国家级的《建设工程监理管理条例》，明确监理定义和监理责任，使监理行业步入法律保护下的良性发展轨道。

在有效的质量监督替代方案没有法律层面的明确之前，减少监理制度应包含的范围或取消或变相取消监理制度也是有违国际惯例的，依照国际上通行的做法，为使法律责任落实到从业人员，监理制度市场化改革的发展方向是逐步取消企业资质，而不是取消监理制度本身。

3. 工程质量保险制度和工程担保制度都不能替代监理制度

工程质量保险制度是由建设单位对建设工程项目进行投保，保险公司承保其投资建设的工程项目在保修期（设计使用寿命）内发生质量事故以及造成建筑物损坏的赔偿责任。作为工程质量保险供给方的保险公司和需求方的开发商，都是追求利润最大化的经济人，只有在工程质量保险制度能够给他们带来经济利益的情况下，才能激励他们主动投身到工程质量保险市场。所以，工程质量保险制度仅仅是经济损失风险的转移措施而已，如果政府强制规定，那无非是加大建筑成本，最后买单的还是业主。况且，有了工程质量保险制度也并不能有效降低施工过程中工程质量缺陷和安全生产的风险，等到建筑物在使用过程中出现质量事故，即使是有保险也无法避免人身伤亡的损失。工程监理制度是对工程项目在施工过程中的质量保障措施，其核心目的是最大限度地降低工程质量缺陷和避免质量事故的发生。

工程担保制度是一种维护建设市场秩序、保证参与工程各方守信履约，实现公开、公正、公平的风险管理机制。担保人大多数由银行或保险公司以及专门的担保公司充当担保人，开具担保书，或者由一家具有同等或更高资信水平的承包商或母公司为其子公司提供担保。工程担保与工程监理有着本质上的区别，工程监理侧重建筑产品技术标准的检验、监督和控制，而工程质量担保主要在经济责任的制约机制上用力，调动建设单位主动采取措施保证工程质量，加大违约成本，促其自觉履约，避免赔偿。工程质量担保与监理的关系不是相互排斥、相互取代，而是相互补充、相得益彰。千万不

要认为工程质量保险制度或工程担保制度能够实现施工过程的工程质量控制，就可以取消监理制度了，那就大错特错了。

四、结语

完善工程监理制度的改革是对我国建设工程基本制度的改革，影响深远。20多年来的实践，对其值得肯定的成果以及存在的问题，从下到上乃至全社会已有充分的认识，欧美发达国家经过几百年的实践也提供了成功的经验。所以，对于这种传统行业，其方案应该是针对问题进行顶层设计的深化改革，而不是去试点凤凰涅槃式的颠覆方案，没必要再走弯路了。深化改革的主要任务是以法律的形式明确工程监理是独立第三方对施工过程的监督管理，准确定义监理的责任范围，特别要界定监理对建设工程安全生产应承担的法律责任，明确区分生产者的主要责任与监理责任。对比西方社会的健全法律以及先进的技术管理，目前也还没有看到哪个国家取消了此项制度，何况我们还是发展中国家。

监理行业协会在完善工程监理制度的改革中要发挥积极的推动和引领作用，至少要在行业内统一认识方面做些工作，必须认识到建设单位委托独立咨询机构开展项目管理与第三方的工程监理性质不同，不可互相替代，最多只是一种包含或协同。要在消除行业内的各种认识误区，推动政府顶层设计的深化改革方面做些工作，从而使监理行业健康发展，充分发挥工程监理在国家建设中质量卫士的作用。

参考文献

[1] 中国建设监理协会.工程监理行业发展报告[R],2012

[2] 中国建设监理协会.监理征程——中国建设监理创新发展20年[M]. 北京：中国建筑工业出版社,2008

[3] 江苏省建设厅.建设工程监理热点问题研究[M]. 北京：中国建筑工业出版社,2007

[4] 中国建设监理协会.建设工程监理概论[M]. 北京：知识产权出版社,2007

监理行业存在的问题及其对监理行业发展影响的探索

重庆联盛建设项目管理有限公司　张红军

摘　要： 监理行业作为国际上有效的建设管理模式引进中国，经过建筑行业多年的实践，监理人及行业管理部门结合具体国情总结和制定了不少有效的制度、办法和措施，为服务国家的建设做出了很大贡献和成绩，但也存在很多不健康的因素和制约行业健康发展的根本问题。这些问题已经不是制度的问题，而是触手可及，解决并不困难的问题，只要整个监理行业都能引起重视并切实解决好，中国监理行业的整体素质和业务水平整体提高指日可待，中国监理行业的社会地位和作用将会得到更好地彰显，中国监理行业走出国门获得国际同行的认可也是迟早的事。

关键词： 工程监理　问题剖析　健康发展　探索

自从 1998 年全面推行工程建设监理制度以来，可以说，监理行业一直毁誉参半。普遍来说，建筑市场包括监理企业自身，对监理行业都有一种悲观的认识，曾一度有取消监理制度的呼声。一致的看法是，监理在知识和经验、法律法规、风险及责任意识方面存在不足，对工程建设没有达到应有的项目管理效果，于是归咎于行业管理和制度不完善等原因，认为我国监理企业目前存在着规模小、竞争力弱、人员素质不高等问题，造成这些不足的原因主要是管理体制、监理企业资质等级评选方法和建设项目招投标活动等方面存在不合理之处。笔者从事建筑行业近 20 年，从事监理工作十余年，我认为以上观点是监理行业发展过程中客观存在的，无论是监理行业排名靠前的大公司还是中小公司，虽然都在积极地探索公司的管理制度和考核制度，但对于监理水平的提高所起的作用并不大。这或许是监理行业和监理企业管理者最头痛的事。笔者认为，要真正提高监理行业的管理和服务水平，必须认真剖析监理行业存在问题的根源并有效改善，否则，一切对策、制度都是无的放矢，效果不大。

一、监理行业普遍存在的问题

1. 不合理低价中标

目前，建筑市场绝大多数建设单位对工程监理的作用认识不够，但迫于国家法律法规要求必须实行监理的项目，不得已而委托监理，因此把监理费用压得很低，因为市场上监理企业多，竞争激烈，很多监理企业为做业绩、养队伍，迫不得已低价中标。

2. 不合理的监理待遇

从监理制度推行至今，监理从业人员的工资待遇一直只有建设施工人员同级别的 60%~70%，是同级别设计人员的 50%~60%，甚至更低。笔者作为施工技术员每月工资拿 600 元的时候，监理组具有高级工程师职称的专业监理工程师工资是每月 450 元，笔者作为施工项目部精测队队长的时候，只具有初级职称，每月工资 1300 元，监理组组长是一名高级工程师，每月工资只有 1000 元。如今，我做一个项目监理组长，高级工程师，每月工资 6800 元，住建部注册监理工程师证每月外加 2000 元，施工单位测量技术员每月的工资是 10000 元，技术负责人只有初级职称，每月工资是 12000 元，笔者只是监理行业的一个缩影，整个行业均存在这种不合理的工资待遇。

3. 投标监理人员不到位

业主单位在招标时要求的人员资质都偏高，监理企业为了中标，基本上都是投标一批人，实际派出的监理人员为另一批人，很多监理企业甚至是中标后临时招聘人员，更有甚者，监理企业中标后直接把项目承包给个人或者转包出去。只是在应付检查的时候派总监出场，其他人员谎称生病或者休假进行搪塞。

4. 监理人员数量不满足要求及素质无法胜任监理工作

建设单位在监理招标时，都会对人员资质和数量进行约定，监理企业投标文件都会积极响应。但组建项目监理机构都会大打折扣，用一些刚从学校出来的学生，以及退休后年龄偏大的人员，以降低工资成本。一些监理企业甚至把一些根本没从事过施工技术和管理工作的人员也作为监理人员充数。

5. 监理人员流动性大，变动频繁

监理人员流动性大，变动频繁，已经成了建设管理部门和监理企业无可奈何不得不接受的事实，一些项目监理机构，平均每 3 个月换一次人，一些项目，到工程结束的时候，原班人马已经一个都不剩了。

二、监理行业长期存在的问题剖析

1. 不合理低价中标是一切问题的根源

国际最为流行的监理费用基本计算方法主要有两种：一是按工程总造价的比例取费，二是按监理费用成本加一定比例的数额酬金。我国的大部分监理项目的监理取费基本采用第一种方式。国外监理取费比例一般根据建设项目的种类、特点、服务内容、深度等差异而略有不同，大致在 1%~5% 之间。我国监理取费在 0.5%~2%，部分建设项目偏高一点，建设单位就补签一个阴阳合同，压低监理费用。可以说，恶意压低监理费用，是监理人员待遇偏低，监理企业不能保证投标人员到位，任用低素质人员，年龄偏大的离退休人员，减少监理人员数量，不能保证监理队伍稳定的根源。

2. 监理人员工资待遇偏低是监理水平没得到充分体现的主要原因

这些年发生的监理判刑的事件，说明监理不光没有起到应有的服务建设单位，尽到法律法规规范要求的责任，反而在自己的岗位与施工单位串通一气，损害了建设单位利益。其实，和施工单位紧密相依已经不是个例，已经是监理行业里面的一个潜规则。

建筑行业里，监理从业人员的工资待遇是偏低的，在施工方的糖衣炮弹攻击下，总会有人心动，一些规范一点的监理企业，也把廉政建设作为一项主要管理工作在抓，包括要求项目监理机构必须把公司举报电话贴在办公室门上，但即使这样，也没有任何监理公司能保证监理人员的工资待遇能达到建筑行业同级别水平，这就成了要马儿跑不要马儿吃草，根本不可能真正达到效果。一些小一点的监理公司，甚至明确告诉监理人员，在监理的过程中可以找施工单位要加班费、电话费等作为工资补偿。

监理从业人员在接受了施工单位利益后，自然就放松了质量、费用等的监管。再有水平素质再高的监理人员，只要有了和施工单位的利益往来，就不可能真正把监理工作做好，也就有了监理闭着眼睛签字。笔者曾经在检查中发现，施工单位一天的注浆量达到几百方，但进场水泥数量和施工单位出入库数量表明，最多也只能有几十方，而注浆机的注浆能力也明显达不到签认的数量。这也是典型的出卖建设方利益的表现。问题的根源就在于监理人员工资待遇过低，一开始就产生了要在施工单位获得一些利益的想法。

3. 监理企业制度无法适应是监理行业水平低下的直接原因

监理企业竞争激烈，监理取费低，无法保证从业人员达到或者高于同级别从业人员工资待遇，无形中加大了企业管理的难度，一些企业管理人员也知道存在这些问题，但鉴于人员不好找，待遇又低，也就睁只眼闭只眼，无形之中就形成了恶性循环，助长了行业的不正之风。直接导致了监理行业的整体服务水平降低，成为建设市场管理的一块心病。

4. 多头管理让监理行业成了夹心饼

建设单位一边在压低监理取费，一边在加强自身管理力量，很多建设单位基本直接插手施工现场建设管理具体事务，产生了监理成为摆设，成为签字完善手续的工具，一些建设单位人员甚至沾沾自喜地说监理就是建设单位的一层膜而已。这样做的后果是，建设单位和监理单位都在管理，又相互牵制和推诿。所以很多项目，一旦出事了，监理说是建设单位的问题，建设单位又推监理，最后迫使监理玩阴招，把建设单位的每次指示指令都记录在案，甚至采用录音手段来保护自己。建设单位的直接管理，违背了第三方监理的独立、公正、科学开展监理工作的意义，让监理的项目管理经验和知识、能力的发挥大打折扣。往往造成了项目建设管理的混乱，也违背了监理工程师是工程建设项目现场唯一管理者的定义。

5. 政府监督流于形式对监理行业不能健康发展有很大影响

政府对企业的资质管理，仅仅注重执业人员数量、业绩的考评，而没有针对人员稳定、业务水平的评价，在业务活动中的监督也基本缺失。当然，这和监理行业的业务分散性、流动性也有关联。但如果在资质审查的时候，是可以附上企业人员名单历年对照表和在建项目及完工项目所在地政府监督单位评价表的。政府部门只有依据法律法规、加强监理企业业务水平管理和职业道德管理，监理行业健康发展才能更有保证。

三、促进监理行业健康发展的几点建议

1. 政府要引导和加强监理招投标管理

政府要引导建设单位合理确定监理服务费用，对于恶意压低监理费用和迫使中标监理企业签订阴阳合同的，要加大查处力度。倡导监理企业提供优质的服务。建设工程项目管理的好坏不只是某一个建设单位的事，而是事关整个国家建设水平和行业发展的大事。中国监理行业要真正做到水平提升，走出国门，不是某一个或者一部分监理企业能做得到的，必须在政府、行业协会的监管下，产生一大批业务水平深、人员素质高，有良好的职业道德的监理企业和人员，获得行业、社会的高度认可才有可能。

政府部门定期和不定期检查中，应该把监理企业的履约作为工作的重点，严格检查监理的工作内容，及时纠正监理服务过程中可能出现的不利于项目建设的情况，指导和督促监理从业人员利用自身的知识和优势为项目的顺利、优质、高效实施发挥最大的作用。

2. 建设单位要真正保证监理的独立开展及监理工作的权利

监理与建设单位的关系，是委托和被委托方的合同关系，监理工程师行使建设单位所授予的权利，建设单位要能保证监理工程师是工程建设项目现场的唯一管理者，建设单位委托了监理，必须由监理工程师去实施对工程建设项目的监督与管理，建设单位的意见和决策均应通过监理工程师传达和实施，而不是越俎代庖，直接发号施令。建设单位所要做的，是如何做好对监理的管理和外部的协调（比如征地拆迁、产权单位协调、设计变更决策），而非直接对工程建设项目现场的管理。

一些建设单位提出小业主、大监理的口号，实际上是对委托监理服务的概念没搞清楚。建设单位和监理单位无所谓谁大谁小，是各自的职责和权利不同而已。建设单位将施工现场管理的任务委托

给监理企业，监理企业有义务实现施工现场的各项业主要求。这也是建设项目的一个分工。建设单位要做的就是赋予监理足够的现场管理权利和提供相关的协调配合工作，而不应该随意到现场下指令。建设单位的指令应该是在与监理沟通后由监理人员实施。

为了保证建设项目达到预期目标，建设单位一方面要根据委托监理合同，放手让监理去做好项目的现场管理，另一方面，要定期或者不定期对监理履约情况、工作情况进行检查、考核并评价，督促和引导监理工作朝着建设单位的预期目标前进，鼓励监理积极为项目提供建设性建议，支持并配合好监理的现场管理工作。

3. 监理企业必须保证从业人员待遇，提高企业管理水平，提供优质社会服务

天下熙熙，皆为利来，高素质的人才，必须提高优厚的待遇才能留得住。企业对人才的吸引力，除了良好的企业文化，发展前景，更重要的是能够给员工提供优厚的工资待遇和发展平台与机会，只有这样，才能保证队伍的高素质、高水准和稳定性，才能为建设单位提供更优质的服务，承担更大的社会责任。

监理企业在吸引高素质人才的同时，要鼓励员工积极学习相关法律法规，建立定期学习和培训制度，将学习和培训制度列入考核范畴，提高企业从业人员的整体业务水平。

企业要将从业人员的职业道德纳入考核范畴，对于弄虚作假或者与施工单位串通损害建设单位利益、降低质量标准、降低安全标准、没有严格按照建设单位委托合同严格管理的情形，严格按照公司管理制度进行处理。一个严于律己、管理到位的监理企业，在项目实施过程中，就能尽可能减少因为监理人员不作为带来的风险，其结果必然是建设单位喜欢，社会称道。

监理企业在提升自身竞争实力和服务能力的同时，要鼓励员工多作总结，多探索监理管理的新思路，为企业在全员探索创新的过程中形成良性循环，树立良好的品牌效应和社会效益。同时，在投标竞争中利用自身的优势和服务理念，去影响和感染建设单位，争取在获得中标机会的同时，能得到理想的监理服务费用。

四、结束语

监理行业作为国际上有效的建设管理模式引进中国，经过建筑行业多年的实践，监理人及行业管理部门结合具体国情总结和制定了不少有效的制度、办法和措施，为服务国家的建设作出了很大贡献和成绩，但也存在很多不健康的因素和制约行业健康发展的根本问题。这些问题不仅有制度的问题，也有触手可及、解决并不困难的问题，只要整个监理行业都能引起重视并切实改变，中国监理行业的整体素质和业务水平提高指日可待，中国监理行业的社会地位和作用将会得到更好的彰显，中国监理行业走出国门获得国际同行的认可也是迟早的事。

监理行业改革发展的思考

广东省建设监理协会　高峰

摘　要：在中国经济处于新常态的形式下，监理行业如何改革发展，是当前行业与企业十分关注的热点问题。笔者针对当前监理行业如何改革发展提出了十点对策，试图对监理行业改革发展做出积极思考和探索。

关键词：监理行业　改革对策　发展对策

党的十八届三中全会以来，国家行政管理体制改革快速推进，政府部门简政放权，缩小行政审批范围；调整修订企业资质与个人执业资格标准；强化通过市场激活清除机制等。各项改革都关系到了监理企业的生存与发展。2014年初，国家有关部委有意改革强制监理制度，鼓励上海、广东、江苏等经济发达地区试点缩小强制监理范围；2014年5月份的全国建设工作合肥会议点燃了我国建设领域的再次改革之火，住房和城乡建设部接着又出台了关于推进建筑业发展和改革的若干意见（建市 [2014]92 号），力推建筑业全面深化改革步伐。特别是2015年2月11日国家发改委《关于进一步放开建设项目专业服务价格的通知》（发改价格 [2015] 299 号）出台，从2015年3月1日起全面放开建设项目前期工作咨询、工程勘察设计、招标代理、工程监理、环境影响咨询费等5项服务收费标准，实行市场调节价。国家发改委取消监理收费政府指导价格在全国工程监理行业引起了巨大反响，这一系列消息不得不让我们面对监理行业改革与发展作出深深的思考。

我国在建设领域推行工程监理制度已经超过20年，多年的实践验证了监理制在提高建设工程质量、推行现代工程管理、提升工程建设管理水平和投资效益等方面发挥了极其重要的作用。随着经济社会的进一步发展，近年来监理行业暴露出的一些突出问题，如监理定位不准、监理费率低、监理业务被肢解、监理人才匮乏、企业之间恶性竞争、人才流失、履约能力差等，与此同时，监理企业明显地感觉到生存环境的恶劣、企业发展的艰辛，工程监理行业与建设发展规模和内在要求不相适应的矛盾日渐突出，问题不断累积，路子越走越窄，挫伤了监理从业人员的积极性，影响了监理队伍的发展，制约了监理效果的发挥。但我们认为这不是监理制度本身的问题，而是观念问题和体制问题，为适应新时期监理改革发展需要，对监理制度进行重大改革应重点调整监理的机制体制，做好顶层设计，促进监理制度的进一步完善。

一、监理行业的改革对策

1. 修订完善监理法规

法规是推行改革的保证。同样，不科学的法规会制约改革的发展。近些年来，有些监理法规、规章在指导监理行业发展上，存在一些偏颇。较为突出的问题表现在：过分强调旁站监理，把监理变成监工，淡化了监理以预控为主的本性；不许大企业承接造价管理；推行项目管理，变相取消监理；不当加大监理对施工安全的责任；诸多规章肢解了监理。凡此种种，无不突显修订现行法规、规章的必要，如能在《工程建设监理条例》中予以梳理、订正。比如拟定一款：监理单位可在批准的资质等级范围内，承接相应的工程建设招标代理、造价管理、设备监理、人防监理（而不必另行办理资质审批手续），以及强调：监理应以预控监管工作为主，辅以必要的巡查等，则必将有力地推动监理行业发展。

2. 调整监理企业资质标准

我国监理单位的资质等级是根据《工程监理企业资质管理规定》（中华人民共和国建设部令第158号）管理，自2007年8月1日开始起施行，其中明确提出监理企业资质注册主要应具备独立法人和注册资本、技术负责人的条件、注册人员、管理体系、工程试验检测设备、企业业绩等要求。企业资质等级很大程度上取决于注册人员数量要求。此规定是最低标准，如果企业刚能达到此资质要求，但在实际承担监理业务时，专业监理工程师配置未必能真正与工程建设相适应。因此应研究制定与行业规模相适应并与专业配套相结合的企业资质申请设立与考核办法，以利于建立能开展建设监理业务的企业不缺资质或不受资质所局限的市场环境，即促进企业资质标准与行业发展规模和水平相适应。企业资质的类别不应太多，企业资质只是开展监理业务的基本条件，应宽松管理，具体监理业务竞争力还应着重在企业业绩、人才和社会信誉等因素，应从严监管。逐步培养淡化企业资质，重视个人资格，强调项目监理机构能力，注重监理工作成效的监理市场环境。

3. 完善监理工程师执业资格考试制度

注册监理工程师的来源主要是通过人事部、住建部组织的监理工程师执业资格考试。报考条件要求：工程技术或工程经济专业大专（含大专）以上学历，取得工程技术或工程经济专业中级职务，并任职满3年，才能参加考试。考试通过取得执业资格证后，经过注册方能以注册监理工程师的名义执业。注册监理工程师依据其所学专业、中级技术职称、身份证等，按照《工程监理企业资质管理规定》划分的工程类别，按专业注册。考试报考条件中要求取得中级职称后3年才能报考，要求过高，不太合理，应予修改。可以参照一级建造师、一级结构师、造价工程师等执业资格考试的报考条件，并设置2～3级个人执业资格，以便适应不同工程类型、不同工作要求、不同服务形式的建设监理业务需要。例如：从事工程建设多阶段技术管理咨询服务的主要由一级注册监理工程师承担，从事施工阶段现场质量安全和综合管理服务的主要由二、三级注册监理工程师承担。

4. 规范建设监理制度各相关方的行为

监理制度的改革不能仅限于监理本身，与监理密切相关的方面也要一并纳入系统改革的范畴。在狠抓监理的法制健全和行为规范的同时，还要花大气力关注与监理相关方的各种法制与行为规范的建设。应严格规定建设单位、施工单位、勘察设计单位、材料设备供应单位及质量安全检测监测单位，包括政府质量安全监督管理机构等相关单位各自的工作责任和行为规范，以便在实际工作中严格区分，各负其责。

5. 建立公开透明的建设监理行业信息管理体系

各级政府主管部门要建立在本地区开展监理业务的企业库，建立在本地区从事监理工作的人员信息库，建立在本地区开展建设监理的工程项目资料库。通过企业库的建立，对监理挂靠和虚假监理在有明确定义和判定依据并制定处罚措施的基础上，加大处罚力度；通过人员信息库的建立，达到严格规范监理从业人员管理的目的。一方面能保证工程项目上监理人员实实在在到岗到位，另一方面使监理工作责任可以追查到真正在工程项目上从事监理工作的人员，改变工程建设项目上存在的现场监理人员不签字，签字的人又往往不在现场的不良现象，促进监理人员能依照法律法规、标准规范进行监理；通过建立项目资料库，能实现工程建设项目实时实地监管，保证工程建设过程的信息资料同步受到审查，避免一些项目出现违法违规和质量安全事故后，取证难、查处难的问题。三库的建立、监管及信息公开透明，必将有效地促进建设监理市场的规范、诚信和发展，维护良好的市场经济环境。

二、监理行业的发展对策

1. 确定监理市场定位

历经 20 多年的风风雨雨，监理行业已成"三足鼎立"之势：综合监理企业、专业监理企业和事务所监理企业。监理行业极不平衡的发展由此可见一斑。企业要发展，份额要做大，这就需要企业在市场重新定位。这是监理行业寻求发展的首要问题。向大的方向发展，还是向强的方向发展？以大促强还是以强促大？规模大的企业，综合实力不一定都强；综合实力较强的企业，企业规模不一定都大。这些都需要企业在监理市场重新定位后才能找到答案。

2. 加快监理队伍建设

监理企业稳步发展的根本出路在于人才建设。现阶段监理人员的总量，尤其是有注册资质的监理人员，远远满足不了工程建设监理业务的需要，加快监理队伍建设，成了燃眉之急。根据工程建设实际需要，在科学界定监理人员级别的基础上，调动各方面的积极性，多渠道培养、造就、认定监理人才，同时，实事求是开展监理继续教育，不断加强监理人员专业业务学习，不断提升监理人员素质。

3. 提高监理服务质量

不断提高监理的服务质量和水平是监理行业永恒的目标。同为服务行业，但监理行业的优质服务与其他行业的优质服务却有着本质的区别。其他行业的优质服务是指超出规定范围的服务加个性服务，而监理行业的优质服务则专指业主对监理工作质量"满意"程度的具体评价。因此，监理行业要以提高监理的服务质量为突破口，以此为契机把监理行业带入正常的发展轨道。

4. 稳步拓展监理业务

在市场经济体制下，企业经营业务的单一，往往经受不住经济风浪的袭击。为了尽快与国际惯例接轨，适应市场经济发展新常态，监理企业必须开展多元化经营，向全方位、全过程监理发展。监理企业的多元化经营，就是根据本企业的情况和发展规划，在稳定提高施工阶段监理服务水平的基础上，以满足业主需求为目标，不断拓宽经营范围，全过程、全方位地为业主提供相应的项目管理服务。

5. 培育领军监理企业

榜样的力量是无穷的。监理行业应有自己的领军企业，以便承接攻坚任务，树立行业榜样。这里所强调的领军企业，不是要求"大而全"，而是突出"专而精"。"专而精"的企业，往往具有强大的竞争力，超过"大而全"的企业。剖析成功企业的成长历程，几乎无不是以"专而精"立身，甚至壮大成名后，依然着重专注于某一个行业。

总之，监理行业的改革与发展，实际上就是关于监理制度的完善和推进的问题，既是一项系统工程，也是一项政治工程。既要制定完整的改革方案，又要按计划分步实施，改革有许多方式和途径。笔者相信：在各级政府主管部门和监理同仁的共同努力下，监理行业的改革必将成功，监理行业的发展必将更快，监理行业将又见光辉灿烂。

论工程监理行业的发展趋势

浙江中润工程管理有限公司　王万锋

建设工程监理是指具有相关资质的监理单位受建设单位（项目法人）的委托，依据国家批准的工程项目建设文件、有关工程建设的法律、法规和工程建设监理合同及其他工程建设合同，代替建设单位对承建单位的工程建设实施"三控（质量、进度、投资）、三管（安全、合同、信息）、一协调"的一种专业化服务活动，属于业主方的项目管理。工程监理单位从事工程建设监理活动，应当遵循守法、诚信、公正、科学的准则，是工程建设过程中不可或缺的重要环节之一。

众所周知，我国推行建设监理制度十几年来，取得了显著成效，对控制工程质量、投资、进度发挥了重要的作用，赢得了社会的广泛认同，促进了我国工程建设管理水平的提高。但是，由于我国的监理机构在国内一直处于被保护的状态，没有国外监理企业的竞争困扰，再加上国内的建设监理制度起步较晚，因此，我国的建设工程监理工作在很多方面仍存在不足。其主要表现在以下方面：

1. 我国的建设工程监理制度不够完善

在工程建设过程中，监理工作应该贯穿于工程建设项目的始终，包括：项目决策阶段（项目建议书阶段和项目可行性研究阶段）、项目实施阶段（招标投标阶段、勘察设计阶段、施工准备阶段、施工阶段和竣工验收阶段）和项目保修阶段。而不仅仅是项目实施阶段中的施工阶段。现状严重影响到工程监理的控制、管理和协调。而此种状况的产生，究其原因是我国的工程监理制度不够完善。

2. 受业主行为影响严重

在工程建设过程中，有些业主往往过多地干涉监理工作方法，盲目地缩短工期，并违反相关法规和规范，要求降低工程质量标准，从而减少自身的投资费用。在此情况下，监理人员往往左右为难，使得监理工作不能独立发挥自身的作用，影响工程建设的最终目标。

3. 监理工作范围的意识缺陷

工程监理的工作内容应概括为"三控、三管、一协调"。然而，大部分监理人员认为监理工作就是"把质量控制好，安全管理好，其他的与己无关"。由此可见，监理工作意识仍有待提高。

4. 监理队伍素质普遍不高

在监理队伍中只有少部分人员接受过正规的专业教育，具备一定的专业知识，大部分监理人员是从工程建设实践中走出来，没有受到过专业培训，相关专业知识欠缺，更有甚者，一些"行外人员"专业从事监理工作，记得有位同事说过这样一句话：拉车的都能干监理。由此可见，这些"行外人员"从事监理工作已成为普遍现象。此外，监理从业人员知识面狭窄、工作能力不足等也是影响监理工作效果的主要原因。

5. 承揽监理业务的不恰当竞争

从理论上讲，工程施工周期、监理取费费率以及监理人员的素质应该是匹配的。但自从实行最低价中标以来，监理招标、监理业务的承揽也实行最低价承包。在监理业务竞争时，很多建设单位不是优先考察监理单位的资质、人员的素质，而是以最低的监理取费标准为选择的唯一标准。每项工程都会有七、八家甚至更多的单位竞相投标或承揽业务，这本是一件好事，但有的单位为了达到承揽目的，采用一些不规范、不正当的手段来提高竞争力，排挤别人，当前最突出的方式是主动压低取费标准。这种行为，虽能揽到监理业务，但却给工程监理的实际操作留下隐患。低价承揽业务很难做到高素质的监理人员到位，监理单位对该工程监理人员的配置以及负有责任且有签批权的监理工程师的到位，就很难得到保证。

6. 建设监理市场行为不规范

在监理业务的承揽方式上，存在着转包监理业务、挂靠监理证照、业主私招乱雇、系统内搞同体（或连体）监理的现象，致使建设监理的作用在相当多的项目上没有充分发挥出来；有些监理单位还不是真正独立的法人实体，这些监理单位尚处在母体的副业状态，既不独立核算，更不自负盈亏；有的挂着监理企业的牌子，有监理任务时就临时凑人员，没有监理业务时，这些人就解散或转移，严重影响监理人员从事监理工作的事业心、责任心和积极性。

那么，在监理企业普遍面临困境的今天，监理业何去何从，将受到业界和社会的普遍关注。

我个人认为，监理业应该要走国外工程项目管理的道路。其理由如下：

1. 工程项目管理的业务范围

工程项目管理按其管理主体，分为建设项目管理、设计项目管理、施工项目管理、供应项目管理等。在工程实施过程中，工程建设、设计、施工、供应等各方都要围绕特定目标开展相关管理活动。可见，工程项目管理是任何与工程建设有关的实施单位都应当且必须进行的管理活动，而不是只有建设单位才需要实施，所以工程项目管理更不是工程监理单位的专有业务领域。这在国际工程市场上属于工程咨询范畴。

2. 工程项目管理人员素质要求较高

工程项目管理单位往往具有多重业务范围，应是工程勘察、设计、施工、监理、咨询、招标代理等多种资质的融合，除注册监理师外，还应拥有数量符合要求的城市规划师、建筑师、工程师、建造师、评估师、估价师、造价师、咨询师等多种注册执业人员，并需取得多个业务资质，否则不能开展业务活动。

3. 工程项目管理企业若要提高市场竞争力，就必须从提高自身出发

面对日益激烈的市场竞争，工程项目管理企业必须以市场为导向，提高管理水平，转换经营模式，增强自身能力，自强不息，勇于进取，在竞争中学会生存，在拼搏中寻求发展。

当然，工程监理行业向工程管理行业的转变是一个漫长的、逐步完善的过程。

首先，工程项目管理制度必须规范化。规范化的目的是在总结成功经验的基础上做到统一方向，促进发展。规范化以后，可以形成合力，实施科学管理，强化管理绩效。中国建筑业协会工程项目管理委员会受建设部委托，立项制定《施

工项目管理规程》。从 2000 年 2 月 1 日起开始实施的新的《工程网络计划技术规程》也是服务于工程项目管理的。《建筑法》、《建设工程质量管理条例》及《建设工程施工会同（示范文本）》等，都是工程项目管理规范性的文件。开展工程项目管理工作，必须严格按法规、规程、规范和标准办事。

第二，在思想上要有创新观念。创新观念就是敢于创造、敢于改革、敢于做外国人没有做到的事。我国对"施工项目管理"的研究和发展是超前的，只有具备创新观念，才能把我国的工程项目管理发展为国际领先水平，而不是总跟在发达国家的后面跑。

第三，坚持使用科学的工程项目管理方法。最主要的方法应该是"目标管理方法"（即 MBO 方法）。它的精髓是"以目标指导行动"，即工程项目管理以实现目标为宗旨而开展科学化、程序化、制度化、责任明确化的活动。目标管理方法要求进行"目标控制"，即控制投资（成本）、进度和质量三大目标。控制投资（成本）目标的最有效的方法就是核算方法。各建设行为主体都应有自己的投资控制目标，建设项目总投资控制目标由项目法人以已被批准的可行性研究报告投资估算为最高限额进行控制。控制进度目标的最有效方法是"工程网络计划"方法。控制质量目标的最有效方法就是"全面质量管理（TQC）方法"，它的本质是"三全"、"一多样"，即"全员、全企业和全过程的管理"和"管理方法多样化"。ISO 质量体系标准是全面质量管理

的基础工作之一，不是控制方法。投资（成本）、质量、进度三大目标的关系是矛盾的，也是统一的。每个工程项目的三大目标之间都有最佳结合点，不可能三者都优，更不能偏废某个目标而片面强调另一个目标，应做到综合优化，以满意为原则。

第四，工程项目管理手段必须实现计算机化或信息化。这是因为，现代化的工程项目管理是一个大的系统，各系统之间具有强关联性，管理业务又十分复杂，需要大量的数据计算以及进行各种复杂关系的处理，需要使用和存储大量信息，没有先进的信息处理手段是难以实现科学、高效管理的。工程项目管理使用全面质量管理方法、网络计划方法和核算方法。要运用计算机就要进行两项建设：一是计算机硬件和软件的建设（以软件建设为重）；二是人的文化素质建设，两者缺一不可。必须集中力量，大力开发工程项目管理系统软件，做到资源共享、操作简便、速度快、可优化、效果好。现在两项建设的差距都很大，远不能适应知识经济时代工程项目管理科学化的要求。真正用好网络计划，必须实现网络计划应用的全过程计算机化，这有待于企业整体管理素质的提高。工程项目管理是高科技应用的广泛领域。

由此可见，监理企业向工程项目管理公司发展需要一定的时间，企业转型本身就是一个较长的过程，需要政府、业主及监理企业自身等多方面的不断努力来实现的，只有这样，工程监理企业才能朝着适应市场经济，符合国际惯例，适合我国国情的方向去发展。

地下连续墙施工的质量控制要点

上海市工程建设咨询监理有限公司　杨新伟

摘　要： 分析在上海地区，特别是靠近江滩土区的地下连续墙施工的质量控制要点，从测量–导墙施工–泥浆制备–成槽施工–钢筋笼施工–钢筋笼吊装–混凝土浇筑–墙底注浆的施工环节层层控制。

关键词： 地下连续墙　成槽　钢筋笼制作　吊装　混凝土浇筑

一、工程概况

该项目位于上海市浦东新区黄浦江南延伸段 ES2 单元 15—1 地块，该地块东至济明路，西至耀龙路，南至友诚路，北至耀元路。本工程占地面积为 27945.5m²，项目总面积约为 200345m²，其中地上建筑面积约为 139088.6m²，地下建筑面积约为 61256.4m²，地下 3 层，地上 59 层。

本工程采用 800mm 厚 "两墙合一" 地下连续墙作为基坑围护体系，墙底普遍插入基底以下 18.8m，并确保嵌入⑤3–1 层砂质黏土中不少于 2m，根据地下连续墙厚度、墙底埋深以及墙身配筋的不同，本工程地下连续墙分为 A、B 两种类型。其中，A 型地下连续墙槽段 48 幅，对应江滩土分布区域；B 型地下连续墙槽段 54 幅，对应无江滩土分布区

域，共计 102 幅。基坑四边连通道洞口位置均设置 T 形槽段，地下连续墙墙顶标高 –2.95m。

地下连续墙混凝土等级 C35（水下混凝土等级按有关规范提高），抗渗等级 P8，竖向主筋保护层厚度迎坑面为 50mm，迎土面为 70mm。槽段之间采用圆形锁口管柔性接头。

地下连续墙槽段分缝处内侧设置混凝土结构壁柱，槽段内设置插筋与壁柱连接；地下连续墙与地下室底板通过钢筋镦粗直螺纹接驳器连接；地下连续墙预埋插筋与各楼层楼板环梁和梁板连接。

为确定地下连续墙的成槽工艺、泥浆配比等施工参数，正式施工前须进行试成槽试验。由第三方进行槽段垂直度、沉渣厚度、槽壁稳定性、槽段误差等施工参数的检测，并对周边环境进行监测，通过试成槽确定一整套施工参数，以指

导后期全面施工。

地下连续墙施工时协调配合第三方监测单位预埋钢筋应力计、测斜管、孔隙水压力计及土压力计等测试元件，并采取必要的保护措施确保其成活率。

二、工程测量控制

1. 根据建设单位提供的控制点，测出地下墙轴线控制桩，控制桩均采用保护桩。高程引入现场，采用闭合回测法，

设置场内水准点，以此控制导墙及地下连续墙的标高。

2. 测量使用经检验校正过的仪器，并在测量过程中以适当方法尽量消除测量误差。

3. 轴线测定使用 J2 经纬仪，水准点测量用 DS2 水准仪。

4. 工程测量所设置桩位、标志要求监理复测，并做好护桩工作。

5. 测量定位所用的经纬仪、水准仪及控制质量检测设备须经过鉴定合格，在使用周期内的计量器具按二级计量标准进行计量检测控制。

三、导墙施工质量控制

1. 施工部署

在地下连续墙成槽前，浇筑导墙。导墙施工顺序：平整场地→测量放样→挖槽→浇筑导墙垫层混凝土→钢筋绑扎→立模板→浇筑混凝土→养护→设置横向支撑→施工便道。整个地下连续墙导墙分为多段施工，每段施工长度30m左右。导墙接缝采用错缝搭接，并且与地下墙接缝错开，由预留的水平钢筋连接起来，使导墙成为整体。

本工程采用倒"L"形的导墙，根据地质报告，导墙深 1.8m（导墙顶标高 –0.7m，），导墙间距 840mm，混凝土采用商品混凝土，强度等级为 C30，导墙厚度为 200mm，导墙钢筋为双向 ϕ14 钢筋间距 200。

基坑内侧设置 12m 宽重型施工设备行走道路，详见图1。其余区域可直接利用原停车场地坪作为硬地坪。

在导墙转角处因成槽机的抓斗呈圆弧形，抓斗的宽度为 3m，同时由于分幅槽等原因，为保证连续墙成槽时能顺利进行以及转角断面完整，转角处导墙需沿轴线外放 0.4m，如图 2 所示。

2. 施工方法

（1）测量放样：根据地下墙轴线定出导墙挖土位置。

（2）挖土：测量放样后，采用机械挖土和人工修整相结合的方法开挖导墙，挖土标高由人工修正控制。

（3）垫层：根据导墙设计宽度，事先加工木模，并注意倒角，根据地下墙

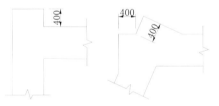

图2 导墙转角处特殊处理示意图

轴线位置固定木模，复核尺寸后方可施工垫层。

（4）立模及浇混凝土：在混凝土垫层面上定出导墙位置，再绑扎钢筋。导墙外边以土代模，内边立钢模。

（5）拆模及加撑：导墙拆模强度必须达到 70% 设计强度后方可拆模，同时在内墙上分层支撑撑木，拆除后于两片墙内设置 10cm×10cm 方木作支撑，支撑间距约 1.5m，上下为 1m，防止导墙向内挤压，并在导墙顶面铺设安全网片，保障施工安全。

（6）施工缝：导墙施工缝是"凹凸"型，混凝土表面应凿毛，使导墙成为整体，达到不渗水的目的，施工缝应与地下墙接头错开。

（7）导墙施工时应在地下墙拐角位置留设成槽用的预留头，800mm 厚，地墙设 400mm。

3. 施工控制要点

（1）本工程地下墙厚度为 800mm，导墙挖土前，需确认有无地下管线，方可开挖。如遇不明障碍物或管线需及时汇报，摸清情况后及时清障及回填。

（2）导墙必须坐落于老土之上。

（3）导墙制模、混凝土浇筑等工序严格按规范施工。

（4）导墙混凝土达到一定强度后方可拆模，拆除后应及时设置支撑，确保导墙不移动。

（5）导墙混凝土墙顶上，用红漆标明单元槽段的编号；同时测出每幅墙顶标高，标注在施工图上，以备有据可查。

（6）经常观察导墙的间距、整体位移、沉降，并做好记录，成槽前做好复测工作。

（7）穿过导墙的施工道路，必须用钢板架空。

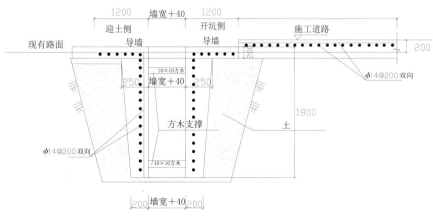

图1 导墙剖面示意图

四、泥浆制备质量控制

1. 泥浆系统工艺流程

2. 泥浆材料

（1）膨润土：浙江安吉出产的200目商品膨润土

（2）水：自来水

（3）分散剂：纯碱（Na_2CO_3）

（4）增黏剂：CMC（高黏度，粉末状）

（5）重晶石粉

3. 泥浆性能指标及配合比

（1）泥浆的各项性能指标见表1；

（2）新鲜泥浆的基本配合比见表2。

上述配合比在施工中根据试成槽槽段及实际情况再适当调整。

本工程砂层较厚，考虑本工程泥浆系统配备除砂机，有效控制含砂率及成渣厚度。

4. 泥浆配制

5. 泥浆循环

泥浆循环采用7.5kW型泥浆泵输送，15kW型泥浆泵回收，由泥浆泵、软管组成泥浆循环管路。

（1）新配制泥浆应静置24小时后方可使用。

（2）在挖槽过程中，泥浆由循环池注入开挖槽段，边开挖边注入，严格控制泥浆的液位，保证泥浆液位在地下水位0.5~1.0m，并不低于导墙顶面以下300mm，液位下落及时补浆，以防塌方。

（3）混凝土灌注过程中，上部泥浆经泥浆净化设备返回循环池，然后加入新浆调配，而导墙下5m以内的泥浆排到废浆池，原则上废弃不用。

6. 劣化泥浆处理

劣化泥浆是指浇灌墙体混凝土时同混凝土接触受水泥污染而变质劣化的泥浆和经过多次重复使用，黏度和比重已

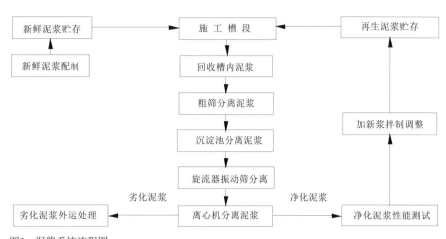

图3　泥浆系统流程图

泥浆性能指标						表1
泥浆性能	新配置泥浆		循环泥浆		废弃泥浆		检测方法
	黏性土	砂性土	黏性土	砂性土	黏性土	砂性土	
比重（g/cm³）	1.04~1.10	1.04~1.15	1.1~1.2	1.1~1.2	>1.25	>1.35	比重计
黏度（s）	19~25	19~25	19~30	30~40	>50	>60	漏斗计
含砂率（%）	≤4	≤4	<4	<7	>8	>11	洗砂瓶
pH值	7~9	7~9	7~10	7~10	>14	>14	PH试纸

新鲜泥浆配合比表				表2
泥浆材料	膨润土	纯碱	CMC	自来水
1m³投料量（kg）	100	4.5	0.2	960

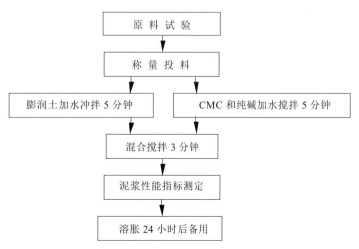

图4　泥浆配制方法图

泥浆试验项目以及取样情况　　　　　　　　　　表3

编号	泥浆		取样时间和次数	取样位置	试验项目
1	新鲜泥浆		搅拌泥浆达100m³时取样一次，搅拌后和放置一天后各取一次	搅拌机口	稳定性、比重、漏斗黏度、过滤、pH值、含砂率
2	供给的泥浆		每挖一个标准槽段长度，自开挖前到完成，每掘进5～10m取样一次	送浆泵吸入口	稳定性、比重、漏斗黏度、过滤、pH值、含砂率、含盐量
3	槽内的泥浆	挖槽过程中	每挖一个标准槽段长度，挖至中间深度和接近挖槽完成时各取样一次	上部受供给泥浆影响较小的地方	比重、漏斗黏度、过滤、pH、含砂率、含盐量
		放置期间	在挖槽完成时，钢筋笼吊入后，或者浇灌混凝土之前取样	槽内泥浆的上、中、下三个位置	稳定性、比重、漏斗黏度、过滤、pH、含砂率、含盐量
4	挖槽过程中正循环着的泥浆	经物理再生处理的泥浆	每挖一个标准槽段长度，自开始挖槽之前到挖槽完成时，每掘进5～10m取样一次	在向振动筛、旋流器、沉淀池等内流入的前后位置	比重、漏斗黏度、过滤、pH、含砂率、含盐量
		经再生调制的泥浆	调制前，调制后	调制前调制后	稳定性、比重、漏斗黏度、过滤、pH、含砂率、含盐量
5	混凝土置换的泥浆	判断置换出的泥浆能否使用	开始浇灌混凝土时和自混凝土浇灌到数米以内（5、4、3、2、1、0.5m）	化学再生处理装置流入口，或者向槽内送浆的泵吸入口	比重、漏斗黏度、过滤、pH、含砂率、含盐量、稳定性
		再生处理的泥浆　化学再生处理	处理前，处理后	处理前，处理后	比重、漏斗黏度、过滤、pH、含砂率、含盐量、稳定性
		再生处理的泥浆　物理再生处理	处理前，处理后	处理前，处理后	比重、漏斗黏度、过滤、含砂率、含盐量、pH、稳定性
		再生调制的泥浆	调制前	调制后	稳定性、比重、漏斗黏度、过滤、pH、含砂率、含盐量

经超标却又难以分离净化使其降低黏度和比重的超标泥浆。

在通常情况下，劣化泥浆先回收至废浆池，再用罐车装运外弃。

7.泥浆质量控制

（1）泥浆质量控制标准

施工中严格按照泥浆性能指标表中规定的泥浆性能指标来控制泥浆的质量。入槽泥浆含砂率应严格控制；挖槽时，泥浆的黏度和比重两项指标上限放宽至40s和1.2g/m³。因为在采用液压抓斗成槽时，泥浆的黏度和比重偏大并不妨碍成槽作业，对槽壁的稳定也无害，还可以充分利用本该放弃的大量黏度和比重偏大的泥浆，节约泥浆的消耗。但在清孔时要把黏度和比重偏大的泥浆置换成合格的泥浆。

（2）泥浆质量控制过程

泥浆在施工过程中要及时取样进行试验，以检测泥浆的各种指标，关于各种泥浆在质量控制过程中的试验项目以及取样情况见表3。

五、成槽施工质量控制

本工程场地内土质分配不均，分为非江滩土区域和江滩土区域。在正式成槽施工前应在不同地层条件下分别进行试成槽试验。试验段位置分别为有江滩土部位和无江滩土部位。试成槽时须进行槽段的垂直度、沉渣厚度、槽壁的稳定性、槽段误差等施工参数的检测，对地面沉降及槽段附近深层土体水平位移进行监测。通过试成槽试验确定一整套地下连续墙的施工参数，以指导后期地墙的施工；待试成槽成功后方可正式进行地下连续墙的施工。

1.成槽设备选型

本工程地下连续墙墙厚为800mm，有效长度为32.15m、33.65m，根据工程地质情况，配备两台金泰SG40成槽机进行施工。非江滩土和江滩土区域分别做试成槽试验，各选一处有代表性的槽段进行试成槽。

2.单元槽段的挖掘顺序

用抓斗挖槽时，要使槽孔垂直，最关键的一条是要使抓斗在吃土阻力均衡的状态下挖槽，要么抓斗两边的斗齿都吃在实土中，要么抓斗两边的斗齿都落在空洞中，切忌抓斗斗齿一边吃在实土中，一边落在空洞中，根据这个原则，单元槽段的挖掘顺序为：

（1）先挖槽段两端的单孔，或者采用挖好第一孔后，跳开一段距离再挖第二孔的方法，使两个单孔之间留下未被挖掘过的隔墙，这就能使抓斗在挖单孔时吃力均衡，可以有效地纠偏，保证成槽垂直度。

（2）先挖单孔，后挖隔墙。因为孔间隔墙的长度小于抓斗开斗长度，抓斗能套往隔墙挖掘，同样能使抓斗吃力均衡，有效地纠偏，保证成槽垂直度。

（3）沿槽长方向套挖

待单孔和孔间隔墙都挖到设计深度后，再沿槽长方向套挖几斗，把抓斗挖单孔和隔墙时，因抓斗成槽的垂直度各不相同而形成的凹凸面修理平整，保证槽段横向有良好的直线性。

（4）挖除槽底沉渣

在抓斗沿槽长方向套挖的同时，把抓斗下放到槽段设计深度上挖除槽底沉渣。

3. 挖槽机操作要领

（1）抓斗出入导墙口时要轻放慢提，防止泥浆掀起波浪，影响导墙下面、后面的土层稳定。

（2）在挖槽机具挖土时，悬吊机具的钢索不能松弛，定要使钢索呈垂直紧张状态，这是保证挖槽垂直精度必做好的关键动作。

（3）挖槽作业中，要时刻关注测斜仪器的动向，及时纠正垂直偏差。

（4）单元槽段成槽完毕或暂停作业时，即令挖槽机离开作业槽段。

4. 成槽过程中精度控制

根据安装在液压抓斗上的探头，随时将偏斜的情况反映到通过探头连线在驾驶室里的电脑上，驾驶员可根据电脑上四个方向动态偏斜情况启动液压抓斗上的液压推板进行动态的纠偏，这样通过成槽中不断进行准确的动态纠偏，确保地下墙的垂直精度要求。

5. 挖槽土方外运

为了保证挖出土方的含水率有效降低，在施工区域内设置一个能容纳300m²挖槽土方的集土坑用于临时堆放挖槽湿土，待土方控水符合要求后及时外运出场。

6. 槽段检验

（1）槽段检验的内容

1）槽段的平面位置。

2）槽段的深度。

3）槽段的壁面垂直度。对地下连续墙成槽每一幅都应进行检测。对于槽段混凝土质量抽选总槽段的10%进行超声波检测。并提前预留4根超声波管。

（2）槽段检验的工具及方法

1）槽段平面位置偏差检测：

用测锤实测槽段两端的位置，两端实测位置线与该槽段分幅线之间的偏差即为槽段平面位置偏差。

2）槽段深度检测：

用测锤实测槽段左中右三个位置的槽底深度，三个位置的平均深度即为该槽段的深度。

3）槽段壁面垂直度检测：

用超声波测壁仪器在槽段内左中右三个位置上分别扫描槽壁壁面，扫描记录中壁面最底部凸出量或凹进量（以导墙面为扫描基准面）与槽段深度之比即为壁面垂直度，三个位置的平均值即为槽段壁面平均垂直度。

7. 清底换浆刷壁

（1）清除槽底沉渣采用撩抓法。

槽孔终孔并验收合格后，即采用撩抓法清底。在清孔过程中，可根据槽内浆面和泥浆性能状况，加入适当数量的新浆以补充和改善孔内泥浆。

（2）换浆的方法

换浆是清底作业的延续，实测槽底沉渣厚度小于10cm时，即可开始置换槽底部不符合质量要求的泥浆。用泵将槽底不符合要求的泥浆抽出，回到泥浆系统进行循环分离，同时将新鲜泥浆放入槽段补充置换。

1）清底换浆是否合格，以取样试验为准，当槽底处各取样点的泥浆采样试验数据都符合规定指标后，清底换浆才算合格。

2）在清底换浆全过程中，控制好吸浆量和补浆量的平衡，不能让泥浆溢出槽外或让浆面落低到导墙顶面以下30cm。

3）刷壁

由于槽壁施工时，老接头上经常附有一层泥皮，会影响槽壁接头质量，发生接头部分渗漏水。所以要用刷壁机清除老接头上的泥皮，用吊车将刷壁机吊起，紧贴老接头反复上下进行刷壁。以上下为一次刷壁，次数不少于20次，并要求在刷壁机的刷头上看不到泥才算合格。

六、钢筋笼施工质量控制

钢筋笼制作

（1）钢筋笼加工平台

钢筋笼加工平台尺寸为6m×32.35m及6m×39.25m，平台采用槽钢制作，槽钢坐落在埋入地表并浇过混凝土的墩子上，用水平仪校准安放的槽钢面，焊接拼装平台，即平台面处于同一水平。槽钢采用8，按上横下纵叠加制作，槽钢间距2000mm，为便于钢筋放样布置和绑扎，在平台上根据设计的钢筋间距、插筋、预埋件及钢筋接驳器的位置画出控制标记，以保证钢筋笼和各种埋件的布设精度。在起吊钢筋笼时，检查笼与平台的挂靠件是否都已脱离，防止平台被外部因素，如车辆、挖机等机械的碰撞，而造成平台变形，影响钢筋笼的制作精度。

（2）钢筋笼加工

钢筋笼应严格根据地下连续墙墙体设计配筋和单元槽段的划分来制作。钢

地下连续墙钢筋笼制作的允许偏差　　　　　表4

项目	偏差	检查方法
钢筋笼长度	±100mm	钢尺量，每片钢筋网检查上、中、下三处
钢筋笼宽度	0~−20mm	
钢筋笼厚度	±20mm	
主筋间距	±10mm	任取一断面，连续量间距，取平均值作为一点，每片钢筋网上测四点
水平筋间距	±20mm	
接驳器插筋	左右偏差不大于2cm；上下偏差不大于2cm/1cm	抽查（一般20%）

的位置，以便于浇筑水下混凝土时导管的插入，同时周围增设箍筋和连接筋进行加固。为防止横向钢筋有时会阻碍导管插入，钢筋笼制作时把主筋放在内侧，横向钢筋放在外侧。槽段大于3m的每幅预留两个混凝土浇注的导管通道口，两根导管相距不宜大于3m，导管距两边不应大于1.5m。

筋笼制作在钢筋笼加工平台上进行，保证钢筋笼加工时钢筋能准确定位和钢筋笼标准横平竖直，钢筋间距符合规范和设计的要求。钢筋笼均采用整体制作成型，所有纵横向钢筋相应部位点焊，以增加钢筋笼的整体刚度。

钢筋笼施工前先制作钢筋笼桁架，桁架在专用模具上加工，以保证每片桁架平直，桁架的高度一致，以确保钢筋笼的厚度。

钢筋笼在平台上先安放下层水平分布筋（横向钢筋）再放下层的主筋（纵向钢筋），下层筋安放好后，再按设计位置安放桁架和上层钢筋。考虑到钢筋笼起吊时的刚度和强度的要求，根据设计图纸要求，槽段宽度大于5m，架立桁架为4榀，宽度小于5m时，架立桁架为3榀，桁架处主筋为ϕ32钢筋，桁架筋采用ϕ25钢筋，吊点位置桁架双拼；横向设置5道桁架，桁架筋采用ϕ25钢筋；各吊点处设置ϕ32钢筋加强。

1）纵向钢筋的底端应距离槽底面500mm，并且纵向钢筋底端应稍向内侧弯折以防吊放钢筋笼时擦伤槽壁，但向内侧弯折的程度不应影响浇灌混凝土的导管插入。

2）要在密集的钢筋中预留出导管

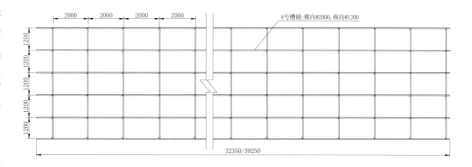

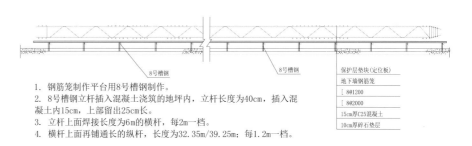

1. 钢筋笼制作平台用8号槽钢制作。
2. 8号槽钢立杆插入混凝土浇筑的地坪内，立杆长度为40cm，插入混凝土内15cm，上部留出25cm长。
3. 立杆上面焊接长度为6m的横杆，每2m一档。
4. 横杆上面再铺通长的纵杆，长度为32.35m/39.25m；每1.2m一档。

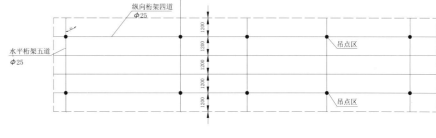

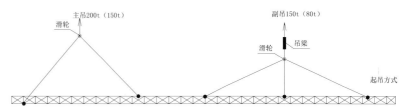

说明：本图以4榀骨架地墙钢筋笼布置为例。

图5　钢筋加工示意图

3）钢筋绑扎焊接要求

钢筋来料要有质保书，并与实物进行核对，原材经试验合格后才能使用，焊接材料做好焊接试验，合格后才能投入使用。

主筋搭接采用接驳器连接，各类埋件要准确安放。

钢筋保证平直，表面洁净无油渍，钢筋笼成型用铁丝绑扎固定，然后点焊牢固，内部交点50%点焊，桁架处100%点焊。成型完成经验收后投入使用，起吊前对多余的料件予以清理。

4）钢筋笼端部与接头管或混凝土接头面间应留有15~20cm的空隙。竖向钢筋保护层厚度为7cm/5cm，为保证钢筋保护层厚度，在钢筋笼的两侧应焊接保护铁（保护铁采用5mm钢板制作），每一槽段横向2~3排，竖向间距4~5m，梅花形布置。

注浆管、声测管、测斜管等与钢筋笼采用焊接或用铅丝绑扎牢固。

（3）地下连续墙钢筋笼制作的允许偏差。

（4）预埋件（接驳器、插筋等）的施工。

1）作业准备

①参加预埋件（接驳器、插筋等）施工的人员必须进行技术培训，经考试合格后方可持证上岗。

②所有钢筋必须有出厂合格证及复验报告；接驳器套筒应有出厂合格证，两端有保护套进行丝扣保护，进场时质检员应复检，合格后方可用到工程上，接驳器加工必须有检验记录。

③接驳器生产厂家必须提供与施工相配套的牙形规、卡规（或环规）和塞规。

2）技术要求

①钢筋先调直再下料，切口端面与钢筋轴线垂直，不得有马蹄形或挠曲，不得用气割下料。

②钢筋下料时必须符合下列规定：

设置在同一构件内同一截面受力钢筋的接头位置应相互错开。同一截面接头百分率不应超过50%。

接头端头距钢筋受弯点不得小于钢筋直径的10倍长度。

3）接驳器、插筋施工要求

预埋的接驳器、插筋应绑扎牢固，与钢筋笼整体下放。

七、钢筋笼吊装控制

1. 起吊机械的选型

本工程钢筋笼长度近33m，最重达到约29t。

（1）主机选用：QUY150型150T履带吊，驳杆接51m，主要性能见表5。

（2）副机选用：抚挖QUY80型（80吨）履带吊，驳杆接31m。起重半径控制在8m，主要性能见表5～表6。

表5

	15.2	21.2	27.2	33.2	39.2	45.2	51.2
4	4.6/150						
5	150	5.6/140.9					
6	150	139	6.7/121.6				
7	128.3	123	117.4	7.7/98.8			
8	103.1	102.1	98	94.1	8.7/80.9		
9	86	85.7	84	81	78.1	9.8/68.1	
10	73.7	73.4	73.1	71	68.7	66.4	10.8/56.7
12	57.1	56.7	56.5	56.1	55	53.4	51.7
14	46.4	46.1	45.8	45.4	45.2	44.4	43.1
16	14.8/43	38.6	38.3	38	37.7	37.4	36.8

注：该机起吊配备30t铁扁担，铁扁担及料索具总重约3t。

表6

Boom length 臂长（m） 作业半径（m）Working Radius	13	19	25	31	37
4.0	80.00				
4.5	75.11	（5.15m）			
5.0	65.47	61.92			
5.5	55.98	55.69	（6.40m）		
6.0	47.72	47.51	47.31		
6.5	42.72	42.50	42.28		
7.0	38.18	37.95	37.73	（7.65m）	
7.5	34.49	34.26	34.03	32.89	
8.0	31.44	31.20	30.97	30.80	（8.89m）
8.5	28.87	28.63	28.40	28.22	26.23
9.0	26.68	26.44	26.20	26.02	25.78
10.0	23.13	22.89	22.64	22.46	22.21
11.0	20.39	20.14	19.90	19.71	19.46

注：该机起吊配备25t铁扁担，铁扁担及料索具总重约2t。

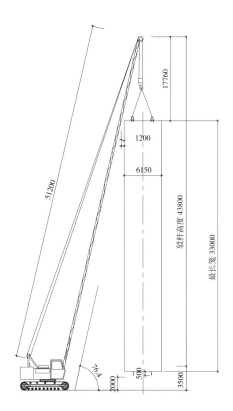

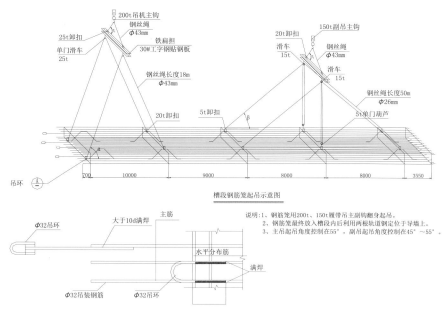

槽段钢筋笼起吊示意图

说明：1、钢筋笼用200t、150t履带吊主副钩身起吊。
　　　2、钢筋笼最终放入槽段内后利用两根轨道钢定位于导墙上。
　　　3、主吊起吊角度控制在55°，副吊起吊角度控制在45°～55°。

（3）安全系数验算

1）单机分配荷载安全系数验算

按钢筋笼全重由主机承担计，起重半径不大于14m：

N主机=43.1t　N索=3t　Q吊重=29t

$K_{主}$＝（29+3）/43.1＝0.74＜0.75（满足单机分配荷载安全系数）

按抬吊过程中副机最不利状态，承担钢筋笼70%重量估算，副机起重半径不大于8m：

N副机=30.8t　N索=2.0t　Q吊重=29×0.7=20.3t

$K_{副}$＝（20.3+2）/30.8＝0.72＜0.75（满足单机分配荷载安全系数）

2）双机抬吊系数（K）计算

N主机=43.1t　N副机=30.8t　N索=3+2t　Q吊重=29t

K双机抬吊＝（29+3+2）/（43.1+30.8）＝0.46＜0.75（满足双机抬吊安全系数）

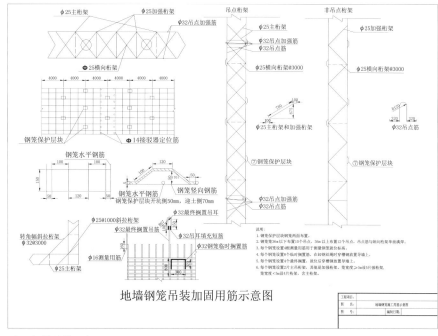

图6　钢筋吊装示意图

3）主机负载行走验算

负载行走时主机把杆角度调整为76.4°，相应起重半径12m，有效起重量为51.7t：

N主机=51.7t　N索=3t　Q吊重=29t

K负载行走＝（29+3）/51.7＝0.62＜

0.75（满足负载行走安全系数）

4）主吊起吊高度验算

选择计算主吊垂直高度时，须考虑钢筋笼吊起后需要旋转钢筋笼时的工况（见图6），按本工程吊车配置计算的钢筋笼距把杆距离为1.2m，大于最小安全距离 500mm，满足要求。

根据以上设备配置和吊机起重计算，可满足本工程钢筋笼吊装要求。

（4）吊车在施工现场的行走

施工现场为 250mm 厚钢筋混凝土路面，吊车行走必须距导墙 2m，在不完整路面行走时，必须在履带下铺设行走钢板或路基箱，行走钢板或路基箱的铺设间距为 30cm。行走时，前行方向必须是司机前视方向，回转时应缓慢，必须在指挥的信号下动作。

2. 吊装步骤

钢筋笼吊装过程时，双机停置在钢筋笼一侧的施工便道，主、副机双机抬吊，主机吊钩吊钢筋笼的顶部范围，副机吊钩起吊钢筋笼底部范围，主、副机均采用铁扁担穿滑轮组进行工作。主、副吊机同时工作，使钢筋笼缓慢吊离地面，并逐渐改变笼子的角度使之垂直。拆下副吊钢丝绳，由主机吊车将钢筋笼移到已挖好槽段处，对准槽段，按设计要求槽段位置缓慢入槽，并控制其标高。整个钢筋笼放置到设计标高后，利用钢板制作的铁扁担搁置在导墙上。

八、混凝土浇筑施工质量控制

1. 混凝土初灌量的计算

由于地下连续墙施工规范上未明确具体的混凝土初灌量计算公式，根据以往的施工经验，有如下经验公式可供地下墙混凝土的初灌量计算：

计算公式：

$$V \geq 2 \times \frac{\pi d^2 h_1}{4} + kSh_2$$

式中：V—混凝土初灌量（m³）；

h—墙深度（m）；

h_1—导管内混凝土柱与管外泥浆柱平衡所需高度，$h_1 = \frac{(h-h_2)\gamma_w}{\gamma_c}(m)$；

h_2—初灌混凝土下灌后导管外混凝土面高度，取 1.3~1.8m，本处取 1.5m；

d—导管内径（m），本次取 0.248m；

S—截面积（m²）；

γ_w—泥浆密度，取 $1.15 \times 10^3 kg/m^3$；

γ_c—混凝土密度，取 $2.3 \times 10^3 kg/m^3$。

代入公式（本处以 B 型标准地墙为例）

$$V \geq 2 \times \frac{3.14 \times 0.248^2 \times 16.4}{4} + 1.10 \times 4.8 \times 1.5$$
$$\geq 9.5 m^3$$

故经过计算后，可知地墙的混凝土初灌量为 9.5 方。

2. 浇筑施工

地下连续墙混凝土强度等级为 C35（水下混凝土按有关规范提高），抗渗等级 P8，坍落度为 18 ～ 22cm。

水下混凝土浇过采用导管法施工，混凝土导管选用 D=250 的圆形螺旋快速接头型。

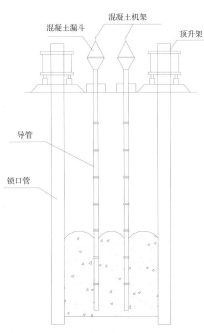

图7　混凝土灌注示意图

用吊车将导管吊入槽段规定位置，导管顶端安装方形漏斗。

在混凝土浇注前要测试混凝土的坍落度，并做好试块。每 50m² 做 1 组抗压试块，5 个槽段制作抗渗试块 1 组。

导管启用前须检查导管接头丝扣是否良好，有无漏水和变形，每节导管是否安放好密封圈，连接是否牢固，宜进行水密性试验，以防接头处漏水污染混凝土影响墙身质量。

注意事项：

①钢筋笼沉放就位后，应及时灌注混凝土，不应超过 4 小时。

②导管插入到离槽底标高 300 ～ 500mm，导管水平布置间距不应大于 3m，距槽段两侧端部不应大于 1.5m，灌注混凝土前应在导管内临近泥浆面位置吊挂隔水栓，方可浇注混凝土。

③检查导管的安装长度，并做好记录，每车混凝土填写一次记录，导管插入混凝土深度应保持在 2 ～ 4m。

④导管集料斗混凝土储量应保证初灌

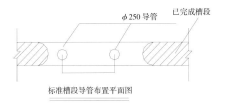

标准槽段导管布置平面图

注：

1. 浇注混凝土前必须做坍落度实验，做抗压、抗渗试块。混凝土坍落度 20±2cm。

2. 浇注混凝土前导管内先放入球胆，使浇注混凝土满足初灌量要求，混凝土浇应满足连续性要求。

3. 浇注混凝土时混凝土面高差小于 500mm，初浇时导管离槽底高度 300~500mm。

4. 混凝土浇注过程中导管应埋入混凝土面下 2000~4000mm 内，浇注面应超设计标高。

5. 混凝土浇注时应均匀向二根导管内供混凝土，使槽段内混凝土均匀上升，保证混凝土导管不会挤扁或卡壳而造成质量事故。

量,一般每根导管应备有1车6方混凝土量。以保证开始灌注混凝土时埋管深度不小于500mm（采用两根导管时应同时进行初灌）。

⑤为了保证混凝土在导管内的流动性,防止出现混凝土夹泥的现象,槽段混凝土面应均匀上升且连续浇注,浇注上升速度不小于3m/h不宜大于5m/h,因故中断灌注时间不得超过30分钟,二根导管间的混凝土面高差不大于50cm。

⑥导管间水平布置距离不应大于3m,距槽段端部不应大于1.5m。

⑦在混凝土浇注时,不得将路面洒落的混凝土扫入槽内,污染泥浆。

⑧混凝土泛浆高度30~50cm,以保证墙顶混凝土强度满足设计要求;浇筑混凝土的充盈系数应小于1.1。

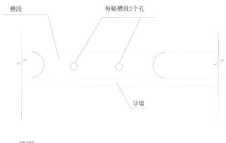

说明:
1. 槽段内设置两根注浆管,间距不大于3m,管底位于槽底以下0.2~0.5m。
2. 地墙达到设计强度后,对槽底进行注浆。
3. 注浆管应固定在钢筋笼内和钢筋笼一起吊入槽段内。

槽段底部注浆图

图8 注浆示意图

九、墙底注浆质量控制

在钢筋笼上通长安装2根注浆管,注浆喷嘴插入墙底0.2~0.5m。在地墙混凝土达到设计强度70%后,可以开始压入水泥浆,采用P.O.42.5普通新鲜硅酸盐水泥,水灰比为0.5~0.6,注浆压力应控制在0.4MPa,注浆流量50L/min,每根注浆管水泥用量不小于2.0t。适当控制压浆量,不仅能使槽底沉渣很好地固结,还能明显提高地下墙的承载力,降低沉降量。

1. 设备选用

拌制浆液采用SF—661型砂浆搅拌机,浆液拌制需严格按配合比投放材料,确保拌合时间,拌合均匀。浆液压注采用SYB—50/50 II型压浆机,控制在2MPa以下,注浆时均匀、连续。当注浆总量达到设计要求,或注浆量达到设计注浆量的80%以上且压力≥4.0MPa并持压3分钟,可终止注浆。否则,需采取补救措施。

2. 施工流程

施工设备进场→材料进场→水泥复试→设备检验→连接预埋套管→配制浆液→注浆→持压→拆管→下一根。

3. 施工方法

①根据已浇筑的槽段找出注浆管所在位置,开挖出注浆管,露出管头。

②压浆管采用φ48×3.5mm的钢管,连接采用外套式螺纹接头。压紧管下压至冲破注浆管底部塑料盖以下10cm。

③注浆应均匀、连续,注浆达到要求以后,找出注浆管分节拆除,清洗干净,移位至下一根。

④当预埋钢管堵管、压浆管下压无法冲破塑料盖时,可以在另一根注浆时增加注入量,提高注浆压力。

4. 技术质量保证措施

①安置注浆管时,必须将每个拧头拧紧且平稳下放,以防止注浆管脱落或折断。注浆前要检查设备和管路系统。

②拌制注浆浆液时,应按配合比控制,每拌搅拌时间不得少于3分钟。搅拌要均匀。

③注浆时及时做好施工记录,控制每根的注浆量。

④水泥浆严格按施工方案进行配料,拌好后的水泥浆必须用筛网清除水泥中的结块和杂物。

⑤水泥原材料要符合有关规定,进场后按每200t一组及时做好安定性试验和3天及28天强度试验,3天强度及安定性报告合格后方可使用。

如注浆失败可采用小钻头在φ48直径的钢管内打孔,将其打通。

走进神秘的宗教领域——教堂监理经验交流

河南海华工程建设监理公司　蒋文娟　李剑光

自监理行业诞生以来，各类建筑施工中总少不了监理的身影，但大多接触到的只是普通的民用建筑、公用建筑、市政监理等常见项目，对于教堂这类带有神秘宗教色彩的工程项目，能够接触到的人是少之又少，它不同于一般公用建筑，也与其他类别的建筑迥异。宗教信仰所带来的审美和认知冲击是普通民众所无法理解也是普通建筑所无法诠释的。

河南海华工程建设监理公司作为河南省建设监理二十强单位，经过积极争取、实力比拼、现场考证等多方面环节，有幸承接了周口基督教堂工程监理（周口市基督教实用技术人才培训中心综合楼）。该工程属于大型宗教公共建筑项目，具有丰厚的宗教文化设计理念，是一座集西方宗教文化和中国东方古典文化于一体的单体工程，工程设计结构复杂，造型繁多，监理难度高，是一项很具有挑战性的工程。

一、教堂的分类

众所周知，教堂是基督教（天主教、新教、东正教）等举行弥撒礼拜等宗教事宜的地方，按照级别分类有主教座堂、大教堂（大殿）、教堂、礼拜堂等。世界现今前三大教堂是圣彼得大教堂、米兰大教堂、塞维利亚大教堂，全世界约有1520座宗教圣殿，其中大部分分布在欧洲，特别是在意大利。欧洲的教堂大致分为四种建筑风格：罗马风格、哥特风格、巴洛克风格和现代主义教堂。我们所监理的周口市基督教堂便是汲取众家之长的一个项目。

二、工程项目概况

周口市基督教协会实用技术人才培训中心综合楼，位于周口市开发区银珠路北段 168 号周口市基督教协会院内。本工程为地下 2 层，地上 6 层，局部 12 层，檐口高度 26.6m（室外地面至六层屋面面层）。主塔顶高度 62.3m，主塔十字架顶高度为 72m，总建筑面积 24419.18m²，其中地下 7871.15m²，地上 16548.03m²，工程投资概算 5800 万元。

建筑结构设计室内涂料为白色乳胶漆，室外墙面为外墙面砖和真石漆，局部为欧式 GRC 构件装饰。门窗工程为木门和塑钢窗，共设客梯二部，观光电梯一部。工程结构型式为钢筋混凝土框架结构，基础为柱下独立基础及带形基础，地基为 CFG 复合地基。其他附属设计还有中央空调、自动喷淋消防系统、网络监控、夜景照明等各项内容都非常细致到位。

教堂效果图（一）

三、建筑功能划分

根据其建筑功能可划分为地下室储藏室、设备用房两大块。其中，一层为餐厅，二层为大厅、礼拜堂，三、四层为学习室、阅览室、办公室、祈祷室，五、六层为办公室、会议室，局部七层为电梯机房、设备用房、仓库，设计合理使用年限为50年，设计将其建筑分类为大型宗教公共建筑。

四、建筑工程特点

本工程平面布置为"倒"十字形，屋面呈"正"十字形。

教堂的平面布置设计以F、G轴线为界线，该轴线之间设200宽变形缝，把整个建筑物分为南、北两个单元，正立面面朝西，象征与西方始终相通；屋面高耸标志物设计东、西单元各设主塔一座，设计取材是以梵蒂冈圣彼得大教堂穹顶为参照元素，塔顶各设十字架一座，西单元主塔两侧各设辅塔一座，且对称布置。

内部空间设计中，东单元礼拜堂采用弧形穹顶，由五道半径为9.75m现浇钢筋混凝土圆弧拱梁、钢筋混凝土连续板组成。

穹顶环梁为暗梁，同板共同形成板体，其设计理念和取材均参照世界瞩目的圣彼得大教堂。

五、监理工作中所遇到的问题

在我国，教堂不是一个一经提起就被熟知的地方。信众较多的城市此类建筑也是很少。

建筑类型的少见、工艺的复杂、信仰的不同等问题在很大程度上限制了监理人员水平的发挥，同时对在建、在监人员都提出了更高的要求。它的存在不同于普通的民用建筑——除了顶层和底层有所不同，会存在诸多的标准层，一旦底层起来，标准层就重复同样的工序直至结顶；它也不同于常见的公用建筑，如医院、学校、商场等有可比性，可相互参考。通过最初设计图纸来看，该项目几乎没有任何相同的建筑构造，更不存在所谓的标准层，设计荷载也在几个点上出现了临界状态，这着实给还沉浸在中标喜悦中的我们有力的一击。

说是摸着石头过河一点不为过，第一次接触到此类项目，本着一人计短、二人计长的宗旨，公司从接到中标通知书的那一刻起便召开研讨会议，从项目总监的选派、监理人员的分工、监理机构的组成等进行了多次计算验证，在综合项目的危险系数，权衡年轻人接受能力强、学习能力强等种种因素，最终选拔公司年轻、优秀人员前往监理，同时用边学边工作、边工作边进步的工作方式参与其中。

人员进驻的选派无疑攻克了第一道难关，如何将所派人员的积极性调动起来，如何让在监人员发挥最好的水平也成了继人员选派后的又一道难题。这些人员都是监理的好手，在普通建筑的监理上一人一栋楼完全没有问题，但是遇到这种各层没一点相同的建筑，也显得有些手足无措，望而兴叹。笔者在走访该项目监理部时记忆最深的是总监眼上挂着的黑眼圈、办公室里数不清的草图和大家伙为了攻克一个难题废寝忘食的情景。

该项目位于周口市郊，四周几乎荒芜，一到晚上竟显得有些萧索，对于过惯了都市生活的年轻人，这种工作、生活方式就像被软禁一样，索然无味。攀谈之余几个年轻人自嘲，对于起初的抱怨、打退堂鼓，现在的他们比以前更踏实、更懂得生活了，生活因为工作而精彩，工作因为学习而充实，更有底气。一年多来的历练已经使这个项目监理部人员慢慢成长为公司的骄傲。

六、实际施工难点

1. 基坑施工降水

施工降水是影响工程施工的一大难题，合理选择降水方案，确保地下水位能够降低到基坑底面以下，从而不影

教堂效果图（二）

响基坑开挖和基础施工，显得尤为重要。本工程场地内地下水位埋深按自然地坪下2.8m左右考虑，本工程基坑开挖最大深度约5.3m，水位应降到自然地坪下5.9m以下（水位降到基坑底以下0.6m），降深约3.1m。潜水含水层主要为粉质黏土、粉土及粉砂层，经过分析论证宜采用管井降水系统进行降水。

基坑平面尺寸长148m，宽46m，通过计算井点内降水位为自然地坪以下12.5m，考虑沉砂管长度，决定井管长度为15m，井点数量为13眼，基坑内水位观察井2眼。其中存在的影响因素为工程北侧为贾鲁河，且位于河闸上游，水位较高，如遇到夏季丰水期，降雨较多。考虑以上因素，在井点布置上，基坑北侧井点数量多设置2眼，南侧少布置2眼，使涌水面较大一侧水位与对侧接近一致，通过实践运行效果良好。但施工单位所报施工方案中井点数量是33眼，观察井2眼，井管长度是12m，通过审核及深入计算，不能满足要求，期间曾召开专题会2次，论证会1次，以做到万无一失。优化后方案直接给业主节约投资：少20眼井点节约造价5万

元，降水期5个月，运行费用节约达90万元之多，受到了业主的一致好评。

2. 工程测量

本工程平面设计较复杂，屋面又设计有高耸塔形建筑，且为圆形，因此，本工程建筑设计的复杂性也决定了工程测量控制的复杂和难度。结合本工程实际情况，施工单位编制了详细的工程测量控制方案，分为东、西两个主控单元，基础施工阶段，利用基坑周边控制桩进行施工测量控制，±0.00m结构完工后，进行详细的施工放样，包括设置轴线控制点及塔楼中心位置。

3. 模板工程

本工程22.8m结构标高以下为普通框架工程，层高为3.9m和4.2m，模板施工属于常规框架工程，施工难度不大。难点是大厅、礼拜堂，大厅跨度是18m，模板支设高度为8.1m，礼拜堂跨度也是18m，但模板支设高度为28.8m，且下部均有2层地下室，均达到超过一定规模的危险性较大的分部分项工程，施工方案均需专家论证。施工前施工单位按照有关规定编制了施工方案，均采用扣件式钢管支撑体系。

通过计算模板支撑体系立杆间距90cm，梁下部加密为45cm，满堂模板支架立柱在外侧周圈设由下至上的竖向连续式剪刀撑；中间在纵、横向应每架梁下左右设由下至上的连续式竖向剪刀撑，在每层的楼层处设置一道水平剪刀撑，底部设扫地杆，且架体与两侧已浇筑框架固定连接。在顶层、中间层、底层楼板标高处设置沉降观测点，下部2层地下室每层均采取可靠措施。钢管支架总重量500t，屋盖重800t，受力最大截面钢管强度计算结果为195N/mm²，小于205N/mm²，达到极限。

4. 高耸结构施工

本工程22.8m结构标高以上为弧形屋盖、塔体结构，且造型十分复杂，其中西单元主塔十字架高度为72m，由于塔吊最大提升高度仅为58m左右，主塔顶部主体结构平面尺寸不能满足塔吊附着设置要求，从而导致西单元十字架材料无法利用塔吊运到位，只能采取人工提运，加之又是高空作业，这无疑增加了施工难度。由于高空作业危险系数较大，加之风力因素的影响，该部分的施工进度十分缓慢，整个施工作业期间，项目监理部人员轮班旁站，以保证工程安全第一的同时符合质量设计要求。

截至截稿为止该项目还未全部竣工，但从监理至今所做的工作、所攻克的难点来看，该项目是一项复杂的体系工程，宗教、建筑、工程、统筹等多学科交叉组合。它使我们更新了现有的知识，同时也坚定了进军公共建筑的信心，更为打开宗教领域工程掷出了敲门石。

路漫漫其修远兮，吾将上下而求索，我们坚信将在不断的探索、学习与创新中，走得更稳、更远。

某博物馆展览大厅钢结构工程的质量控制实例

江苏省经纬建设监理中心　张海军　徐先耀

摘　要：某博物馆展览大厅钢结构工程，由于直接分包的施工单位违规施工，擅自修改图纸及偷工减料，违规强行施工。监理部顶住压力，忠于职责，终于扭转了局面，使工程进入按设计和规范要求施工的正常轨道，排除了重大安全隐患，控制住了工程质量。

关键词：钢结构　优化设计　重大隐患　程序控制

某博物馆工程为展览、演示、办公为一体的综合性大楼，地下2层，地上14层，地面以上高57.8m，建筑面积37000m²。其中1～4层裙楼为展览演示大厅，中间位置设计为钢结构展览大厅，纵向长31m，横跨15m，高19.1m。由格构式钢管柱与钢管桁架组成承重支撑体系，屋面覆盖双层保温中空玻璃。大厅周边按楼层设置声、光、电控的演示空间（图1）。

该博物馆是当地省级文化建设重点工程，建设目标为全国同类省级一流博物馆，建成后将作为科普教育基地向社会公众免费开放。

一、问题的产生

本工程展览大厅钢结构与外装饰幕墙工程由建设单位委托总包单位。指定

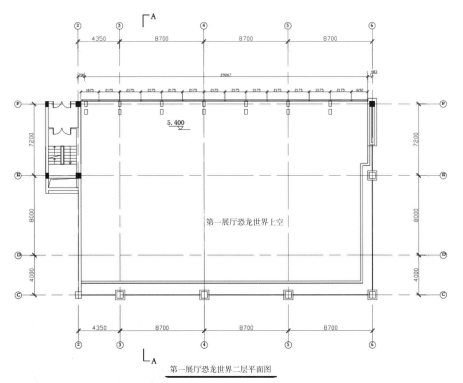

图1　工程平面图

某钢结构公司中标后，转让给非钢结构承包企业组织施工，施工合同由建设、总包、分包单位共同签字。幕墙与钢结构深化设计施工图先由一家有资质的幕墙公司设计，并经过大楼主设计单位认可，审图机构审查批准，亦在现场进行过施工图会审交底。但新进场的分包单位与建设单位沟通，说是还要进行"优化"设计。在所谓的"优化设计"施工图尚未出来时，工地现场进来一批不同规格的钢材，分包单位既没有向监理申报钢结构制作、安装施工组织设计（包括安装方案），又没有履行常规的材料进场报验手续。而此后某一天，现场监理人员发现有工人对钢材卸料切割、电焊操作，上去一问，才知道已经开始钢结构制作加工。监理对违规施工行为立即制止，同时报告建设单位，但施工方置之不理，继续施工。现场监理机构先后签发了监理工程师通知单和《工程暂停令》。

施工方收到通知单后，分包方被迫交出所谓的优化施工图。监理看到无人签字，无出图章，更未经原设计单位和审图机构重新审图。监理还发现，该施工图对原来的有效图纸作了重大结构修改：

（1）将原图中的承重钢结构的主材钢管壁厚由8mm改为6mm，修改后钢材理论重量减少8kg/m，钢材总用量将减少1/4，腹杆钢管的壁厚由6m修改为5m。

（2）将原格构式承重立柱内的支撑横杆间距由2500mm内2档改为3000mm内2档；屋架钢桁架内的小立杆支撑间距由原图的1175mm改为2050mm，这样一改，总钢材用量又可减少近1/2；同时将钢桁架转角处的一根

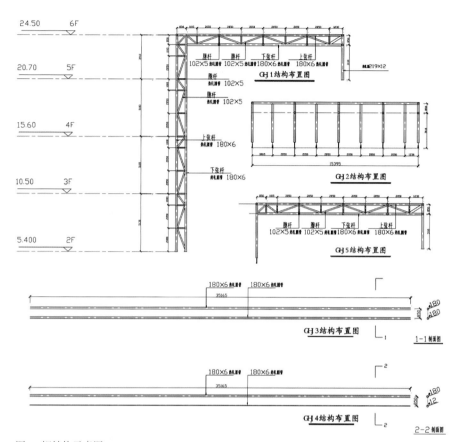

图2 钢结构示意图

斜支撑也取消了（图2）。

通过上述修改，使整个展览大厅的钢结构强度、刚度和稳定性大大降低，将给工程安全带来重大隐患。原来分包单位欺骗业主，说是要从外形上做"优化设计"，实际上修改过的图纸与原图在外形上并无什么变化，倒是保证不了工程质量，成了有重大结构安全隐患的问题图纸。

如此严重偷工减料、偷梁换柱的行为，引起监理人员的极大关注。如果允许他们施工下去，则必然会使钢结构整体刚度、强度、承载力和稳定性大大下降，投入使用后将将带来整体坍塌的重大安全事故隐患，造成国家和人民生命财产的重大损失和恶劣的社会影响。

二、艰难的历程

对于施工单位违规行为的全过程，监理部坚持原则，忠于职责，严把质量关。

1.监理部及时发出整改通知单，要求施工单位立即整改。

（1）要求按原合法图纸施工，按设计和规范要求必须委托有资质的钢结构制作单位制作并安装。

（2）必须申报制作、安装施工组织设计，并组织专家论证（吊装高度大于20m，钢结构跨度达57m，一榀钢构件重量达49t）经施工单位技术负责人和总监审批后方可施工。

监理通知单发出整改意见后，施工单位置之不理，继续日夜不停地加紧违规施工。同时到处活动、游说，首先对

业主的上级领导说，如果按监理要求做，工期得不到保证，工期要延长。业主分管领导认可他们的说法，说是为了确保工期不被延误，要求监理就现实情况在现场加强控制。施工单位还通过业主出面，先后两次找到监理企业领导，企图给总监施加压力，要求通融一下，允许他们继续施工。

2. 监理部被迫发出暂停令

暂停令要求：

（1）必须立即停止现场加工制作展览大厅的钢结构，按原批准的合法施工图委托有资格的钢结构工厂制作、安装，违规加工的不合格钢构件必须撤离现场。

（2）如果用所谓的"优化"图纸施工，属于结构有重大变化，则必须经过审图机构重新审查批准，还要由原钢结构深化设计单位、大楼主设计单位批准。

但施工单位仍然我行我素，不予理睬，继续违规蛮干。在此情况下，如按照有关规定监理只要向主管部门报告，监理的责任就尽到了。但面对如此重大的原则问题，有着高度责任感的总监认为问题没那么简单，必须采取非常有效措施，才能切实把住工程质量关。为了进一步说服业主领导，彻底解决问题，必须展开一场维护工程质量、安全的攻坚战。监理部采取了以下一系列措施：

（1）进一步收集分包单位现场违规证据。监理部与业主基建班子的工程师一起到现场检查焊工上岗证。第一天查出7个人有6个人无证操作；第二天查出9个人有8个人无证操作，将检查结果汇报给业主有关领导。

（2）得到总承包单位的理解与支持。总承包单位对分包施工单位的严重违规行为也非常气愤，曾经在现场两次拉掉总电闸，让他们无法施工。

（3）在有多家单位参加的工程例会上，总监就刚发生不久的某地大楼外墙失火和某地倒楼事故，相关单位受到追究与处罚的典型案例做了通报，并且严肃指出：我们这个工程如果不严格按章施工，一旦出了重大事故，在座的各相关单位项目负责人也逃不了干系。

（4）因其出具的所谓优化施工图没有盖出图章，没有审图手续，结构上也做了重大修改，因此"优化设计图"必须送审图机构重新审查，同时还要经过原大楼主设计和钢结构深化设计单位的认可。但由于分包方事先做了工作及打招呼，原主体结构设计人表示无异义，但却不肯在图纸上签字认可。分包单位找钢结构施工图深化设计单位，该设计单位表示不会同意修改他们已经审阅的图纸。对此情况监理部向业主郑重提出：两家设计单位都不予认可，如果不经审图机构重新审查，监理一定要向各级主管部门报告，必须坚决阻止违规施工行为，最后业主只好同意重新送审。

（5）就在决定重走审图程序期间，分包单位仍然不停止施工，日夜加班加点地干。监理在劝阻无效、并事先多次向业主打招呼的情况下，根据《建设工程安全生产管理条例》第十四条要求，监理部在向建设单位发出备忘录后，最终正式向政府主管部门做了书面报告。

（6）为防止有关人员再做工作使重新审图程序走过场，不使有严重错误的图纸蒙混过关，必须设法堵住可能的漏洞，让审图机构事先了解事情真相，以期引起重视。监理部提前将上述情况向审图机构汇报，得到他们的支持，要监理部出具书面说明材料。

（7）收到监理的书面报告后审图机构十分重视，组织了设计单位项目负责人、大学教授、省钢结构理事会负责人、钢结构专家及国家标准、行业标准的编审委员等阵容强大的专家组，进行专题评审，建设、监理、施工单位相关负责人参加。会上，专家们从结构受力体系、结构安全系数、抗震安全系数等多方面进行论证，彻底推翻了所谓的"优化设计"。专家们严肃指出："如果按这份图纸施工，安全一定得不到保障。该博物馆建成后对社会公众开放，一旦坍塌下来，将形成世界重大新闻"。会上，专家们还向建设单位领导严肃指出，"我们原来审查过的图纸是合法有效的，如果你们非要改变我们审批过的图纸，则必须重新走设计招标程序选择设计单位，待施工图出来后，再按规定程序审查"。

三、理想的结局

审图专题会议结束后，下午建设单位就立即召开了办公会议并作出决定：按原图施工，按设计和规范施工，委托有资格的正规钢结构工厂制作加工并组织安装，工地上已经违规加工制作的钢构件全部撤离现场。

至此，监理人员终于松了一口气，心中的石头落了地，下一步就是按照正常的监理程序控制。为了在数吨重的不合格半成品钢结构构件撤离现场时，暂时回避分包单位的强烈不满和抵触情绪，回避不可避免的业已激化的现场矛盾，总监与本单位领导商量后暂时离场，由总监代表主持现场后续工作。

两个月后，当总监到现场察看时，已经安装好的展览大厅，从钢结构支撑，到近20m高的钢屋架，显得端庄大方，遒劲有力。在屋顶上，总监双手抚摸着既安全可靠又外观漂亮的钢结构节点，这位在工程领域第一线从事技术管理工作30多年的老专家，想到这来之不易的结果，心绪很不平静。当回到监理办公室，要总监代表陪他一起去见业主代表（礼节性的拜访）时，出乎意料，业主代表十分热情，感谢总监为本工程付出的辛劳，同时希望以后多来指导工作，至此总算画上了圆满的句号。

该博物馆目前已经向社会公众开放三年，正在为当地的经济建设和科普文化教育事业发挥着应有的作用。

四、值得总结的经验教训

通过对本工程展览大厅钢结构工程质量的控制，我们有以下几点体会：

（1）监理工作必须坚持质量标准和技术规范，必须坚持按设计和规范要求办事，必须按基建程序和科学态度办事。关键是抓好程序控制，必须学会问题识别与有效的监督管理。

（2）必须坚持以《建设工程质量管理条例》、《建设工程安全生产管理条例》为指导方针，切切实实、不折不扣地执行。本案例在遵守法律法规的过程中，

每走一步如果有丝毫的动摇与松懈，则有可能前功尽弃。

（3）监理在遇到严重违规施工时，为了严格控制工程质量和安全监管到位，必须克服一切阻力（包括业主的不理解、反感甚至勒令撤退、非法分包单位的抵制、威胁等），排除任何干扰、要始终以国家利益为重，以公众利益为重。

（4）建设单位应能抵制住某些关系的干扰，排除阻力、与坚持原则、秉公办事的监理人员一道，为工程把好关。大量经验教训证明，建设单位如果不支持监理的正确主张，一旦出了重大事故，建设单位相关人员也难逃追究。

（5）本工程的有关各方，由于所处的位置不同，所代表的利益不同，有的认识上也有很大的差距（客观上建设单位有关人员因为受某些干扰，加上不懂工程技术，不知道违规施工会产生多么严重的后果）。监理在与有关各方关系的博弈中，充满了智慧与力量的较量，同时应争取包括本单位领导在内的有关各方的理解与支持。

（6）在钢结构工程中，除整个单位工程是钢结构设计外，许多工民建工程中的局部或附属工程，往往总是原施

工图不详，需要另行进行深化或优化设计，在此情况下，一定要抓住两个重要环节：一是，必须按有关规定，坚持由具备相应资格的正规钢结构工厂制作并组织安装，而现场手工操作工艺质量难以保证；二是，必须重视深化与优化设计质量，必须坚持有相应资质的设计单位设计，施工图质量应当严格审批程序，防止以"深化"、"优化"为名，行偷梁换柱之实。监理人员只有对建设规范和相关法规的深刻理解，才能真正把好关，履行好自己的神圣职责。

（7）在以往的一些重大工程质量安全事故案例中，一些总监被不当、甚至不该被追究法律责任。通过本工程案例，笔者在整个过程中，始终坚持一点：无论遇到多大困难，多大阻力，都必须坚持。当然也考虑到如果万一阻挡不住，质量安全事故还会发生，怎么办？就要做到：一，千方百计地争取不让事故发生；二，万一阻挡不住，只要有各类会议纪要、通知单、暂停令、向建设单位签发的备忘录，向审图机构申请严格审查的报告，向当地主管部门报告等所有法律法规规定的程序文件，保存规避责任风险的充分依据。

建设工程监理安全责任与风险规避

中国电力工程顾问集团中南电力设计院有限公司　张良成

摘　要：本文依据我国法律法规分析了监理单位安全责任，监理人员安全职责，以及我国监理单位承担安全责任的特点。就如何理解、界定监理单位在工程建设项目中究竟应承担哪些安全责任进行分析，明晰了监理单位需遵循的法律法规，警醒监理从业人员忽视安全监理责任的严重后果。提出了监理单位实施安全监理的方法和手段，以及对工程安全监理存在的责任风险问题，提出如何切实履行监理安全责任，规避监理安全生产责任风险的应对策略，供广大监理人员参考。以期对监理同行有所帮助。

关键词：工程建设　监理　风险规避　安全责任

一、法律法规赋予了工程监理单位哪些安全责任

《建设工程监理规范》总则，开篇明宗指出实施建设工程监理应遵循三大主要依据。首先是法律法规及工程建设标准。工程监理单位必须据此进行监理，所有与安全生产有关的法律、法规、强制性标准，都是监理对工程参建各方是否履行安全责任的监督管理依据。因此，监理必须掌握和熟悉这一依据内容、内涵才能正确履行监理职责，及时发现和处理安全隐患，否则，一旦出现安全事故，就要对工程的安全生产承担相应的监理责任。

我国现行法律法规赋予了工程监理单位哪些安全责任呢？涉及工程监理单位法律法规主要有哪些？

我国在1998年3月1日开始实施的《建筑法》中规定了有关部门和单位的安全生产责任。涉及建筑工程监理6条（即第三十条到第三十五条），只有第三十五条提到："应当承担相应的赔偿责任"；《建筑法》在第四十五条明确规定："施工现场安全由建筑施工企业负责。实行施工总承包的由总承包单位负责"。因此，施工现场的安全责任主体显然是施工单位。

2002年11月1日起施行的我国第一部《安全生产法》到2014年12月1日施行的修正《安全生产法》主要对生产经营单位的安全生产管理责任人职责进行界定，除本单位安全管理职责外，涉及建设工程安全管理责任方面对工程监理单位没有明确的规定。但《安全生产法》对生产经营单位加强安全管理的职责有明确的规定。如"生产经营单位"包括建设单位，而建设单位委托监理单

位对其提供现场安全文明施工情况等进行监督管理，监理单位作为独立的市场主体，受建设单位委托，对施工安全理所当然也要负责监督管理。虽然《建筑法》没有明确监理单位在施工安全方面的直接责任或主体责任，但并不意味着其对施工现场的安全文明生产没有监督管理责任。只是现行法律法规存在不健全、不协调问题。

2000年1月10日起施行《建设工程质量管理条例》规定了工程监理单位的质量责任和义务5条（即第三十四条到第三十八条）。只在第七十四条中规定："建设单位、设计单位、施工单位、工程监理单位违反国家规定，降低工程质量标准，造成重大安全事故，构成犯罪的，对直接责任人员依法追究刑事责任。"这与我国1997年10月1日起施行《刑法》第一百三十七条："建设单

位、设计单位、施工单位、工程监理单位违反国家规定，降低工程质量标准，造成重大安全事故的，对直接责任人员处 5 年以下有期徒刑，或者拘役，并处罚金；后果特别严重的，处 5 年以上 10 年以下有期徒刑，并处罚金。"的提法是一致的。

2004 年 2 月 1 日起施行《建设工程安全生产管理条例》（以下简称《条例》）第十四条规定："工程监理单位应当审查施工组织设计中的安全技术措施或专项施工方案是否符合工程建设强制性标准。工程监理单位在实施监理过程中，发现存在安全事故隐患的，应当要求施工单位整改；情况严重的，应当要求施工单位暂时停止施工，并及时报告建设单位。施工单位拒不整改或者不停止施工的，工程监理单位应当及时向有关主管部门报告。工程监理单位和监理工程师应当按法律、法规和工程建设强制性标准实施监理，并对建设工程安全生产承担监理责任。"。

综上所述，迄今为止只有《条例》从法理上澄清了工程建设各方主体安全责任，界定了工程监理单位安全职责，是工程监理单位安全责任最明确法律法规文件，也是监理单位开展安全监理工作的法律依据。为此，工程监理单位在工程项目监理中，依据法律法规及工程建设标准、建设工程勘察设计文件、建设工程监理合同及其他合同要求的委托授权，切实履行监理单位的安全责任，就不应承担建设项目施工过程的安全责任。

二、怎样理解工程监理单位的安全责任

《条例》从第二章到第四章共计 33

条，规定了参与工程建设的各方主体的安全责任。其中建设单位的安全责任 6 条，勘察单位 1 条，设计单位 1 条，监理单位 1 条，施工单位 19 条，其他提供出租机械设备、检测单位 5 条，体现了安全生产，人人有责的精神。突出了施工单位安全生产的主体责任，同时也明确了监理单位需要担当安全生产责任。另外，在第七章法律责任第五十七条与第五十八条规定了工程监理单位依法承担建设工程安全生产法律责任。总之条例要求工程建设参与各方认真履职尽责，有理有利有节工作，合理合情合法处事，保证建设工程安全、优质、高效如期完成。《条例》明确了监理单位安全责任主要条款有：

（1）第四条规定："建设单位、勘察单位、设计单位、施工单位、工程监理单位及其他与建设工程安全生产有关的单位，必须遵守安全生产法律、法规的规定，保证建设工程安全生产，依法承担建设工程安全生产责任。"这一条明确了安全责任主体对象，各有关单位必须遵守法律、法规的规定，保证建设工程安全生产，否则，依法承担建设工程安全生产责任。

（2）第十四条第一款规定："工程监理单位应当审查施工组织设计中的安全技术措施或者专项施工方案是否符合工程建设强制性标准"。工程监理单位如果未按照《条例》的要求对施工组织设计中的安全技术措施或者专项施工方案进行审查，就构成了违法行为。

（3）第十四条第二款规定："工程监理单位在实施监理过程中，发现存在安全事故隐患的，应当要求施工单位整改；情况严重的，应当要求施工单位暂时停止施工，并及时报告建设单位。施

工单位拒不整改或者不停止施工的，工程监理单位应当及时向有关主管部门报告。"这一条说明二层意思如下：

第一层意思是讲这项违法行为也是一种不作为的违法，表现在工程监理单位发现安全事故隐患未及时要求施工单位整改或暂时停止施工。工程监理单位承担这一责任的前提是，其具有要求施工单位整改或暂时停止施工的权利和责任没有履行。

第二层意思是讲工程监理单位发现安全事故隐患后，并不是通知完施工单位整改或暂时停止施工就可以了。因为监理单位是在履行一种社会义务，监督施工单位安全施工，所以，如果施工单位拒不整改或暂时停止施工，监理单位需要继续履行一定义务，即向有关主管部门报告。这里对于报告提出的要求是及时报告，如果报告不及时，也是违法行为。

（4）第十四条第三款规定："工程监理单位和监理工程师应当按照法律、法规和工程建设强制性标准实施监理，并对建设工程安全生产承担监理责任。"这一条规定了工程监理单位在安全生产中的监理责任，是由相关的法律、法规和强制性标准规定的，如果工程监理单位没有按照法律、法规和强制性标准进行监理，就是没有尽到监理责任，构成违法行为。在法律上，责任和权利是一致的，法律、法规和强制性标准赋予了工程监理单位的权利，也是工程监理单位承担的义务和责任。

（5）第二十六条规定："施工单位应当在施工组织设计中编制安全技术措施和施工现场临时用电方案，对下列达到一定规模的危险性较大的分部分项工程编制专项施工方案，并附具安全验算

结果，经施工单位技术负责人、总监理工程师签字后实施，由专职安全生产管理人员进行现场监督：

1）基坑支护与降水工程；

2）土方开挖工程；

3）模板工程；

4）起重吊装工程；

5）脚手架工程；

6）拆除、爆破工程；

7）国务院建设行政主管部门或者其他有关部门规定的其他危险性较大的工程。

对前款所列工程中涉及基坑、地下暗挖工程、高大模板工程的专项施工方案，施工单位还应组织专家进行认证、审查。

本条第一款规定的达到一定规模的危险性较大工程的标准，由国务院建设行政主管部门会同国务院其他有关部门制定。"。

从而可看出，第二十六条界定的监理审查范围非常广，责任也很大。按此要求，如果该审查的不审查或不按规定审查，导致施工现场发生安全事故，监理工程师就要承担相应的监理责任。2003年发生的某轨道交通重大工程事故的监理单位就是因为"未有效履行监理单位的职责，未对调整的施工方案组织审定等问题，由于现场监理失职造成事故，负有重要责任"而受到刑事和行政处罚。

（6）第五十七条规定："违反本条例的规定，工程监理单位有下列行为之一的，责令限期改正；逾期未改正的，责令停业整顿，并处10万元以上30万元以下的罚款；情节严重的，降低资质等级，直至吊销资质证书；造成重大安全事故，构成犯罪的，对直接责任人员，依照刑法有关规定追究刑事责任；造成

损失的，依法承担赔偿责任：

1）未对施工组织设计中的安全技术措施或者专项施工方案进行审查的；

2）发现安全事故隐患未及时要求施工单位整改或者暂时停止施工的；

3）施工单位拒不整改或者不停止施工，未及时向有关主管部门报告的；

4）未依照法律、法规和工程建设强制性标准实施监理的。"

这一条是对工程监理单位、直接责任人员法律责任条款。

（7）第五十八条规定："注册执业人员未执行法律、法规和工程建设强制性标准的，责令停止执业3个月以上1年以下；情节严重的，吊销执业资格证书，5年内不予注册；造成重大安全事故的，终身不予注册；构成犯罪的，依照刑法有关规定追究刑事责任。"这是对监理人员法律责任条款。

通过以上涉及工程监理单位安全责任的规定条款规定，监理安全责任归纳如下表所示。

监理的安全责任可以总结为10个

字，5句话即："审查"（审查施工组织设计中的安全技术措施或者专项施工方案）；"发现"（发现存在安全隐患）；"要求"（求施工单位整改或暂停工）；"报告"（对暂停施工、拒不整改或者不停止施工的向建设单位及有关主管部门报告）；"实施"（依法律、法规、强制性标准实施监理）。如果这几个方面做不到位，监理即构成失职、渎职甚至犯罪，应承担相应法律责任，反之，监理可规避其法律责任。

《条例》是到目前为止对监理单位安全责任的最为明确，最为具体的法规文件。从条款上看，文字不多，理解不难，仔细研究，内容不少，责任重大。如"审查"一项，《条例》第二十六条界定的监理审查范围非常广，责任很大。按此要求，如果该审查的不审查或不按规定审查，导致施工现场发生安全事故，监理单位就要承担相应的法律责任。

由此，便不难理解监理单位安全责任了。首先是按《条例》要求监理应审查施工组织设计中的安全技术措施或

序号	监理单位安全责任	监理单位应承担法律责任的情况	依法处罚办法
1	审查施工组织设计中的安全技术措施或者专项施工方案	未对施工组织设计中的安全技术措施或者专项施工方案进行审查；监理单位没有履行审查职责	对监理单位：1）停业整顿，并处10万元以上30万元以下的罚款；2）降低资质等级、吊销资质；3）依照刑法，追究刑事责任；4）造成损失的，承担赔偿责任 对监理人员：1）停止执业3个月以上1年以下；2）吊销执业资格证书，5年内不予注册；3）终身不予注册，追究刑事责任
2	工程监理单位在实施监理过程中，发现存在安全隐患	虽无明确规定法律责任，但监理单位有现场检查发现安全隐患的职责	
3	对检查发现安全隐患要求施工单位整改	发现安全事故隐患，未及时要求施工单位整改或者暂停施工	
4	情况严重的，应要求暂停施工并及时报告建设单位	监理单位没有履行下达整改指令和暂停工指令的职责	
5	施工单位拒不整改或者不停止施工的，监理单位应及时向有关主管部门报告	施工单位拒不整改或不停工，监理单位未及时向有关主管部门报告；监理单位没有履行向有关部门报告职责	
6	监理单位应依法律、法规和强制性标准实施监理	监理单位未依法律、法规和工程建设强制性标准实施监理；监理单位没有履行依法监理职责	

者专项施工方案。具体审查范围、内容和程序在《条例》第二十六条中有明确的规定。其次是按《条例》要求监理发现安全事故隐患时，应采取要求施工单位整改、暂停施工、向建设单位、主管部门报告等形式进行处理。如果发现安全隐患不制止，也不采取措施，就是失职；或者虽然采取措施，但未留下书面记录等有关证据资料，不能证明监理在安全管理方面已有作为，只要出了安全事故，都要承担相应的监理责任。最后是按《条例》要求依据法律、法规、强制性标准实施监理。

三、监理单位如何履行安全职责与规避安全责任风险

《建设工程监理规范》明确规定：工程监理单位受建设单位，根据法律法规、工程建设标准、勘测设计文件及合同认真做好"三控制"、"两管理"、"一协调"、"一履行"。"三控制"即对建设工程质量、造价、进度进行控制；"两管理"即对合同、信息进行管理；"一协调"即对工程建设相关方的关系进行协调；"一履行"指履行建设工程安全生产

管理法定职责的服务活动。这既是监理单位主要工作内容，也是监理单位主要工作职责。具体从以下三个方面来履行安全职责与规避安全责任风险。

1. 监理单位建立健全履行监理安全责任体系

（1）监理单位要建立健全安全监理保证体系，明确各级人员职责，制定履行监理安全责任的各项规章制度。一是建立以质量、环境和职业健康安全三标体系；二是建立专项安全管理制度如：安全监理检查、签证制度；安全巡视及旁站监理制度；安全施工措施（方案）审查、备案制度；施工机械、安全工器具审查制度；施工管理人员、特殊工种/特殊作业人员审查监理制度；工程分包安全监理制度；安全/质量事故处理监理管理制度等工程监理制度；三是建立其他一系列监理单位管理配套规章制度等。建立制度很重要，管理的精髓是：用制度管人，用流程管事。有一句话说得好：好的制度与流程能让坏人干不了坏事，不好的制度与流程，能让好人变坏。

（2）落实各级领导和各级人员、各项目监理部和各部门的安全责任。制定

监理单位内部与各项目监理部安全责任的考核检查标准和安全生产责任制度，制定各级人员与各部门的安全责任职责，签订安全生产责任书，规范各自的工作程序。严格按程序办事，使每个员工都明确自己安全责任。用制度来规范全体员工行为，用流程来保障生产经营正常运行，这是企业走向规范的必由之路。一个单位，如果"人"的管理比较混乱，一定是单位制度存在问题，就容易发生问题，一旦出现问题，就存在职责不明，责任不清；如果"物"的管理比较混乱，一定是流程存在问题。就容易出现不知道做什么、由谁做、怎么做和做到什么程度；如果一个单位或一个项目监理部几年下来还是乱糟糟的，问题不断，那一定是在制度和流程方面都存在问题。

（3）监理单位安全管理的职能部门要定期（或不定期）全面检查所有在监工程的安全状况和各项目监理部的安全工作（包括制度建设、现场管理等）。规范安全监理工作程序及考核检查标准，有效地规避因项目监理部和监理工程师的安全监理不到位所导致的风险。

2. 项目监理部要加强对工程施工过程的安全监理

（1）根据《条例》的规定和建设工程监理规范的要求，编制包括履行监理安全责任内容的监理规划，明确安全监理工作的范围、目标、内容、工作程序和制度措施，以及人员配备计划和职责等。对危险性较大的分部分项工程，项目监理部应当编制安全监理实施细则。

（2）总监理工程师要对工程项目的安全监理负责，组建项目监理部时，根据所监理的工程项目特点、大小复杂程度，配备专、兼职安全监理工程师及安

全监理人员。制定安全监理工作制度与工作流程，明确监理人员的安全监理职责，切实保证相关责任落实到位。要结合工程项目实际情况，对现场监理人员进行安全监理技术交底，提高监理人员在现场发现安全问题的能力。

（3）项目监理部应对施工单位所报送的资料进行认真审核，主要内容有：

1）审核施工单位企业资质证书及安全生产许可证是否合法有效。

2）检查施工单位项目部安全生产管理体系建立和安全生产规章制度的制定情况。

3）审查项目经理及专职安全管理人员是否具有合法有效资格，审核特种作业人员资格，做到相关证书与人员及身份证相符，特别要注意证书的有效期。

4）审核分包单位的企业资质及安全生产许可证，分包工程内容与范围必须是符合法律规定及施工合同约定，总包单位在与分包单位签订分包合同的同时必须签订分包工程安全生产协议书，明确总、分包单位各自在安全生产方面的职责，防止发生事故后总、分包单位之间出现相互推诿、扯皮的现象。

5）审查施工单位对进场施工人员的安全"三级教育"及安全技术交底工作落实情况。安全教育及安全技术交底的内容应有针对性且应做好书面记录，交底人与被交底人均应在三级安全教育卡和安全交底记录上签字，不得代签。

6）审查施工组织设计中的安全技术措施或者专项施工方案及法律法规、规程规范要求审查的内容。

（4）施工过程中，项目监理部应监督施工单位严格按照已经审批（审查）通过的施工组织设计和专项施工方案组织施工，当发现工程存在安全事故隐患时，应该及时要求施工单位整改或者暂时停止施工，并同时报告建设单位。施工单位拒不整改或不停工整改的，应当及时向工程所在地建设主管部门报告。对已经经过审批的危险性较大的分部分项工程的专项施工方案，施工单位要进行重大调整或者变更时，应要求并督促施工单位按原程序重新办理编制、审核、批准和报审手续，经过专家论证的专项施工方案必须重新组织专家进行论证。

（5）安全监理人员必须对施工现场进行日常的安全巡视检查工作并做安全巡视检查记录。根据施工现场的实际情况，定期或不定期地由项目监理部组织，由建设单位、施工单位（含分包单位）相关人员参加，对工程现场进行安全检查，重点检查项目经理等施工管理人员到岗及专职安全管理人员配备情况，检查施工单位安全生产管理体系的建立、安全生产责任和安全生产管理措施落实情况，抽查施工现场特殊工种作业人员持证上岗情况。

（6）对施工单位进场投入使用的施工起重机械和整体提升脚手架、模板等，应要求施工单位组织有关单位进行验收，要求其提供有相应资质的检测机构出具的检测合格证明。检查施工现场各种安全标志和安全防护措施是否符合强制性标准要求，并检查安全生产费用的使用情况。

（7）在施工过程中，对于工程的重点工序、关键部位，特别是危险性较大的分部分项工程，项目监理部必须检查施工单位现场安全管理人员到岗、特殊工种人员持证上岗以及施工机械完好情况。及时发现和处理旁站监理过程中出现的质量、安全问题，旁站监理记录中必须如实准确地反映施工安全情况。

（8）重视监理巡视、监理旁站、监理日记记录

在安全问题上要做到"两个凡事"，即：凡事要有监理记录，凡事要有处理结果。对监理巡视、监理旁站、监理日记记录要求如下：

1）监理日记、巡视、旁站记录是一项非常重要的监理资料，必须认真、详细、如实、及时地予以记录。做到书写清楚、版面整齐、条理分明、内容全面。对发生安全事故，追查安全责任是非常重要的监理资料。

2）监理日记是监理人员对施工活动最全面的监控记录。监理的验收表格只是施工活动间断性的记录，不能反映施工过程，一些施工过程出现的问题无法在验收表中得到反映，日记则是记录这些问题的载体，对处理有关问题具有重要的参考价值。

3）监理日记反映监理工作水平、工作成效。监理日记体现了监理人员的技术素质、业务水平，展示了监理人员履行监理职责的能力和工作成效，同时也反映出监理单位的管理水平。

4）记录问题时对问题的描述要清楚，处理措施和处理结果都要跟踪记录完整，不得有头无尾。

5）监理日记书写工整、清晰，用语规范，语言表达简明扼要，措辞严谨，记录应尽量采用专业术语，不用过多的修饰词语，更不要夸大其词，涉及数字的地方，应记录准确的数字，不得采用诸如"大约"之类的措辞。

6）工程监理日记充分展示了记录人在工程建设监理过程中的各项活动及其相关的影响，文字处理不当、出现错别字、涂改、语句不通、不符合逻辑、用词不当、不规范都会产生不良的后果。在监理日记中不得出现概念模糊的字眼，例如在监理日记中出现"估计"、"可能"、"基本上"等，会使人对监理日记的真实性、可靠性产生怀疑，从而失去监理日记应起的作用。

作为监理单位，如何履行监理职责，适当地记录监理的行为，应当成为项目监理部自我保护的重要手段。工程竣工后，项目监理部还应将有关安全生产的技术文件、验收记录、监理规划、监理实施细则、监理月报、监理会议纪要及相关书面通知等按规定立卷归档与备查。

3.工程监理人员要加强学习提高自身素质

（1）工程监理人员要加强职业道德学习，提高个人修养和素质，树立正确的权利观、人生观和价值观。施工安全和工程安全关系到每个人的切身利益，是人生存权的集中体现。任何时候都要坚持"安全第一"的观点，严格按设计和工程质量验收规范进行检查验收，决不能因为个人利益牺牲国家利益和他人利益，更不能搞权钱交易。

（2）监理人员不但要了解而且要掌握建设工程安全管理的基本知识，认真学习安全法律、法规和规范、以便在现场工作时能具备辨别危险、发现事故隐患的能力和对现场隐患的敏感性，要努力提高自身的专业技能和执法水平，对《工程建设标准强制性条文》更应该非常熟悉，因为工程建设强制性标准是技术法规，是工程建设理论和实践相结合的产物，严格贯彻和执行工程建设强制性标准是保证工程质量的核心，只有保证工程质量，才能保证工程安全，才不会出现安全隐患和安全事故。项目监理部对一个项目的监理，不但要负管理责任和经济责任，更重要的是要负法律责任，而且这种法律责任是终身制。违反国家有关建设工程质量管理规定，造成大工程质量事故，也就必然要造成安全事故。监理人员要明白和清晰应该承担的安全责任，与建筑工程中其他有关单位和组织相互合作，促进建筑工程保质保量地完成，最大限度地减少安全事故的发生。

（3）提倡学习型项目监理部和学习型的监理人员，鼓励监理人员不断学习，调动广大监理人员获取知识、提升认识、提高技能的积极性、主动性和创造性，最大限度地发挥监理人员的才智。要重点学习和贯彻执行"两个法"、"两个条例"、"两个规范"，即新《安全生产法》和《建筑法》；《建设工程质量管理条例》和《建设工程安全生产管理条例》；《建设工程监理规范》和《电力建设工程监理规范》。通过学习到达两个提高：即项目监理部管理水平提高和工程监理服务水平提高。从而更好地履行法律法规赋予工程监理单位的安全责任，规避安全责任风险。

浅谈监理工作中的合同（造价）管理

北京京龙工程项目管理公司　李江辉

摘　要：建设监理是为实施建设工程承包合同，由业主组建或选择监理单位依据合同对承包商的生产进行监督和管理的工作。合同管理的工作重点主要为工程招标投标阶段和工程合同履行阶段的合同管理。合同管理的成败，将影响到整个项目的运作和最终目标能否顺利实现。本文就建设工程施工总承包合同中关于工程造价原则约定的条款进行分析和总结。

关键词：合同管理　造价　过程支付管理　竣工结算管理

建设监理是根据实施建设工程承包合同，由业主组建或选择监理单位依据合同对承包商的生产进行监督和管理的工作。监理工作范围主要包括造价（投资）、质量和进度控制，其中造价控制是建设监理的灵魂。只有实行造价控制在内的全方位的监理，才能保证工程项目建设监理职能的实现，从而提高建设监理的成效。而要做到科学高效的造价管理，全面理解与贯彻实施建设工程合同就显得尤为重要。

建设工程合同是指承包人进行工程建设发包人支付价款的合同。建设工程合同包括工程勘察、设计、施工、监理等合同。建设工程合同是工程承发包双方实现市场交易的重要方式和依据。施工合同的内容应当包括工程范围、建设工期、工程质量、工程造价、技术资料交付时间、材料和设备供应责任、拨款和结算、竣工验收、质量保修范围和质量保证期、双方相互协作等条款。

建设工程合同是科学有效地进行工程项目计价的依据，是项目顺利实施的法律保障。建设工程合同可分为固定总价合同、固定单价合同和可调价格合同。受项目特点及规模标准决定，同时借鉴国际工程管理惯例和合同条件，以及体现风险分担的原则，现阶段工程项目大多采用固定单价合同。

合同管理的工作重点主要为工程招标投标阶段的工程合同总体策划和工程合同履行阶段的工程合同全面实施。项目合同管理是一项复杂、全面的系统工程，具有涉及面广、个体差异性突出的特点，合同管理的成败，将影响到整个项目的运作和最终目标能否顺利实现。我们在实践中探索及归纳建筑工程合同管理的技巧，寻找新方法，解决新问题，以有效防范合同中可能遇到的风险。同时，建设工程项目的合同管理研究工作也将有着广阔的前景和巨大的发展潜力。

本文就建设工程施工总承包合同中关于工程造价原则约定的条款进行分析和总结。

一、过程支付管理

（一）工程预付款及抵扣

一般合同规定，工程预付款额度为合同总价（不含暂估价的专业分包工程及暂列金额）的10%（有的合同规定为15%），同时支付安全文明施工费的50%、农民工保险费的100%。累计完成合同价款（不含暂估价的专业分包工程及暂列金额）的60%时开始抵扣，每次抵扣完成进度款的50%，在工程款支付至合同价款80%时所有预付款扣回。

此项严格按照合同专用条款执行即可，注意安全文明施工费（属于措施费）和农民工保险费（属于规费）不要重复超额支付。另外注意预付款抵扣起点，也有合同规定"当累计拨付工程款（含预付款）达到合同协议书中约定的工程合同价款（不含专业工程暂估价和暂列金额）的60%后，发包人分两次（每次按工程预付款的50%计）从承包人依合同应得或将得的任何金额（暂估价的专业分包工程分包人，及暂估价的材料和工程设备供应商应得的款项除外）中抵扣预付款，直至全部预付款抵扣完毕为止。"要明确起扣点是统计累计完成还是累计支付合同价款。

（二）工程进度款

一般规定为按形象进度按月计量支付，按照合格计量的当期工程造价的60%~90%支付，并且在工程完工时付至合同金额的90%。操作时按分部分项金额计量，措施费、规费和税金按比例一并计取。经由发包人委托的第三方审计，并且经发包人、承包人签字达成一致后，支付至最终结算价格的95%，审计后最终结算价格的5%作为本工程的质量保证金。

暂估价的专业工程，以发承包双方确认的金额（一般为二次招标的中标价）替代暂估价，按照施工总承包合同约定的支付比例进行支付。

（三）变更洽商价款

变更工作确定后7天内，由承包人向监理人提出变更报告和计价，监理人经发包人确认后，由监理人向承包人发出监理人和发包人同意调整合同价款的意见。承包商在提供齐全变更相关资料后，包括变更提出方变更需求书面资料，经发包人确认变更事项和变更造价后，方可调整合同价款。未经发包人确认的变更造价，合同价款不做调整。经发、承包双方确定调整的工程价款，作为追加（减）合同价款与工程进度款同期支付。也有的项目，工程变更在竣工结算时一并计量并支付。

（四）质量保证金及最终结清

缺陷责任期终止后，承包人被预留的质量保证金应予以全额支付。如缺陷责任期内承包人未按合同约定履行或未完全履行属于自身责任的工程缺陷修复义务导致发包人有损失或支出时，应扣除相应的款项，剩余部分予以支付。质量保证金不足以抵减发包人工程缺陷修复费用的，承包人应承担不足部分的补偿责任。

二、竣工结算管理

（一）固定综合单价及风险分担原则

一般规定风险范围：钢材、木材、水泥、预拌混凝土、钢筋混凝土预制构件、沥青混凝土、电线、电缆和主要装饰材料及对工程造价影响较大的主要材料以及人工和机械在±5%幅度区间内变动的风险，不做综合单价调整。其他材料市场价格变动的风险不做综合单价调整。因非承包人原因的工程变更引起措施项目发生变化，按照清单计价规范措施费中可计量部分的变化额度±3%，经发包人确认后可以按实际发生的情况调整措施费。其他项目清单中的总承包服务费不调整（除专业分包工程转化为自行施工时，其相应总承包服务费扣除）。

因非承包人原因引起的工程量增减，其综合单价的调整原则如下：当程量清单项目工程量的变化幅度在8%（一般可规定为5%~15%）以内时，其综合单价不作调整，执行原有综合单价；当工程量清单项目工程量的变化幅度在8%以上，且其影响分部分项工程量超过0.1%时，其综合单价以及对应的措施费（如有）均应作调整，调整的方法是由承包人对增加的工程量或减少后的剩余的工程量提出新的综合单价和措施项目费，经发包人确认后调整。通常，增加部分工程量的综合单价应予调低，减少后剩余部分工程量的综合单价应予调高。

对本工程工作内容理解的偏差、工料机消耗量水平的确定、生产要素市场价格的判断及取费等，由承包人承担；承包人投标过程中投标报价的计算错误、

价格填报错误等,由承包人承担。

另外还有的合同条款约定,因承包人原因引起的工程变更。措施项目变化,不做调整。

(二)价款调整

1. 人工、材料和机械费用的调整

钢材、木材、水泥、预拌混凝土、钢筋混凝土预制构件、沥青混凝土、电线、电缆和主要装饰材料及对工程造价影响较大的主要材料以及人工和机械的变化幅度超过 ±5% 时,按照如下方法调整:

(1)以本市建设工程造价管理机构发布的《北京工程造价信息》中的市场信息价格(以下简称造价信息价格)为依据,造价信息价格中有上、下限的,以下限为准;造价信息中没有的,按发包人、承包人共同确认的市场价格为准。当投标报价时的单价低于投标报价期对应的造价信息价格时,按施工期对应的造价信息价格与投标报价期对应的造价信息价格计算其变化幅度;当投标报价时的单价高于投标报价期对应的造价信息价格时,按施工期对应的造价信息价格与投标报价时的价格计算其变化幅度。

(2)施工期市场价格以发包人、承包人共同确认的价格为准。若发包人、承包人未能就共同确认价格达成一致,可以参考造价信息价格。

(3)主要材料和机械市场价格的变化幅度小于或等于合同中约定的价格变化幅度时,不做调整;变化幅度大于合同中约定的价格变化幅度时,应当计算超过部分的价差,其价差由发包人承担或受益。

(4)人工市场价格的变化幅度小于或等于合同中约定的价格变化幅度时,

不做调整;变化幅度大于合同中约定的价格变化幅度时,(应当计算超过部分的价差)其价差全部由发包人承担或受益。

(5)人工、材料和机械计算后的差价只计取税金。

发包人、承包人应当在施工合同中约定市场价格变化幅度超过合同约定幅度的调整办法,可采用平均法计算。因发包人原因造成工期延误的,延误期间发生的价差由发包人承担或由承包人受益;因承包人原因造成工期延误的,延误期间发生的价差由承包人承担或由发包人受益。

招投标阶段拟订合同专用条款时,有的规定只计取超过风险范围部分的价差,有的计取全部价差,有的人材机统一原则调整,有的按照人工、主要材料设备、暂估价的材料设备等分别对待。造价信息价格中有上、下限的,有的规定以下限为准,有的以平均核算。例如以上条款,按照投标报价期对应的造价信息价格和投标报价时的价格分别计算其变化幅度,均为站在发包方立场,充分考虑并抵制了投标人使用不平衡报价等策略获得补偿。策划和执行应充分对应起来。

2. 工程量的调整

工程竣工结算时,工程量按照施工图纸(有的合同规定为竣工图纸)和完成的相应工程量实际计量。确定作为结算工程量计量依据的图纸版本后,要核查变更洽商,对应相同版本的图纸内容。对承包人超出设计图纸(含设计变更)范围和因承包人原因造成返工的工程量,发包人不予计量。

3. 措施费的调整

因非承包人原因的工程变更引起

措施项目发生变化,按照清单计价规范措施费中可计量部分的变化额度超过 ±3%,可以按实际发生的情况调整措施费,调整方法为:原措施费中已有的措施项目,按原有措施费的组价方法调整;原措施费中没有的措施项目,由承包人根据措施项目变更情况,提出适当的措施费变更,经发包人确认后调整。

4. 其他政策性调整

有的招标文件规定,本招标工程以投标截止日前 28 天为基准日,其后国家的法律、法规、规章和政策发生变化出现强制性规定而影响工程造价的,应按北京市或行业建设主管部门或其授权的工程造价管理机构发布的强制性规定调整合同价款若非强制性规定,则不予调整。如税金、安全文明施工费等费率的调整,符合调整原则(时效性、强制性),则按文件规定执行,否则不予调整;如投标时间在政策规定调整生效以后,投标人仍按调整前的费率计取,应界定为属于前款规定错误报价且由承包人自行承担的风险范畴。

(三)新增项目及变更洽商计价

施工过程中发生的变更洽商,合同文件中有适用于变更工程项目的,应采用该项目的单价。但当工程变更导致该清单项目的工程数量发生变化,且工程偏差超过合同约定的比例时,该项目单价应按照前款规定调整。合同文件中没有适用但有类似于变更工程项目的,可在合理范围内参照类似项目的单价。

合同文件中没有适用或类似于变更工程项目的价格,由承包人或发包人提出适当的变更价格,经对方确认后执行。其组价原则为:

(1)已标价的工程量清单中已有相

应的人工、材料、机械消耗量的，按照已有的执行；取费费率以已标价的工程量清单中确定的为准；不可竞争费用按规定调整。

（2）没有相应的人工、材料、机械消耗量的，按《北京市建设工程预算定额》中相应子目规定的耗用量执行；没有相应的人工、材料、机械价格的，按当期的《北京工程造价信息》中设有价格的信息价确定（若信息价有上、下限的，以下限值为准），若计量支付当期未发布价格的材料，其价格由承包人提出，报经发包人审批后执行。

（3）如果双方不能达成一致，按照约定解决争议。

由于工程量清单缺项引起新增项目的综合单价，按照以上变更洽商的综合单价的确定原则确定。若施工中出现施工图纸（含设计变更）与工程量清单项目特征描述不符的，发、承包双方应按新的项目特征确定相应工程量清单项目的综合单价，参照以上变更洽商的综合单价的确定原则确定。

因分部分项工程量清单漏项、增减项目或非承包人原因引起的措施项目变化，影响施工组织设计或施工方案发生变更，造成措施费发生变化时，原措施费中已有的措施项目，按原措施费的组价方法调整；原措施费中没有的措施项目，由承包人根据措施项目变更情况，提出适当的措施费变更，经发包人确认后调整。

（四）暂估价的专业分包工程、暂估价的材料和工程设备

根据法律、法规、规章及规范性文件的要求应当通过招标而确定，由承包人作为招标人组织招标确定专业分包人或材料和工程设备供应商，并确定中标价；不属于依法必须招标的范围或未达到招标规模时，承包人必须选择三家以上的专业施工单位或材料设备采购单位，将其报价和主要材料设备规格、型号、式样提交给发包人和承包人进行考察、答疑和研究，由发包人和承包人确定其中一家完成相应的专业分包工程，或材料设备采购的品种，并由承包人按照发包人和承包人确定的专业分包单位或主要材料设备的规格、型号、品牌、样式、价格订立合同，同时确定最终价格。

专业分包工程的暂估价发生变化时，承包人计取的总包服务费按实调整，但投标报价中所报的总包服务费费率不变。

（五）索赔处理

承包人要求赔偿时，可以选择下列一项或几项方式获得赔偿：延长工期；要求发包人支付实际发生的额外费用；要求发包人支付合理的预期利润；要求发包人按合同的约定支付违约金。

发包人要求赔偿时，可以选择下列一项或几项方式获得赔偿：延长质量缺陷修复期限；要求承包人支付实际发生的额外费用；要求承包人按合同的约定支付违约金。

发生索赔事件时，应有正当的索赔理由和有效证据，并应符合合同的相关约定，索赔证据应及时、真实、全面、相互关联。

项目实施中，通常以下资料均可作为索赔证据，过程中应注意分类收集整理。如招标文件、中标文件、合同，双方认可的施工组织设计、工程图纸、技术规范，设计交底记录，设计变更、洽商、签证，工作联系单，会议纪要，气象记录，验收记录，照片、录像资料等。

三、结语

工程项目的合同管理是一项复杂全面的系统工程，本文仅对招投标阶段、工程实施阶段和竣工结算阶段的造价控制与管理做出分析总结。今后的工作中，造价管理人员应加强对工程合同的研究，学习国际工程项目合同管理的先进经验，从而提高管理理论水平，重视对合同的主动管理，确保工程造价的有效控制，力求让合同的承发包双方获得最大的社会和经济效益。

公路施工预算编制中常见的问题

云南云达工程造价咨询有限公司　杨映虎

摘　要：公路施工图预算的编制工作已广泛应用在公路工程建设中，概预算的合理性、可靠性及准确性将对公路工程建设产生重要影响，也是概预算编制人员不断学习，提高业务能力和工作水平的一个过程。在工作实践当中，遵循一定的工作程序，抓住编制重点，是确保概预算编制的有效手段。

关键词：公路施工预算编制　常见　问题

作为具体实施设计概算，施工图预算的编制工作人员，概预算的合理性、可靠性及准确性将对公路工程建设产生重要影响，也是概预算编制人员不断学习，提高业务能力和工作水平的一个过程。在工作实践当中，遵循一定的工作程序，抓住编制重点，是确保概预算编制的有效手段。

首先，深入熟悉设计图纸资料，了解施工方案是编制概预算的基础，设计图纸是计算工程量的主要依据。它除了表示各种不同结构的尺寸外，用于计价的基础资料的各种工程量，基本上都反映在图表上，而有些又是隐含在图纸上，如混凝土、砂浆标号、砌石工程的规格种类以及施工要求，对新材料、新工艺的应用，核对各种图纸，如构造物的平面、立面、结构大样图等，相互之间是否有矛盾和错误，图与表反映的工程量是否一致，都应进行核对，对影响较大的关键部位或量大价高的工程量，必要时应重新进行复核计算，熟悉各种设计图集，都是必不可少的。

做好现场调查，核对工程量，确定先进合理与安全可靠的施工方法，进行工程造价价格与费用计算，复核及审核，最后编写编制说明。

一、预算编制中常见的几个问题

1. 工程量计算规则不明确与工程量计算有误

工程量是编制工程预算的基础数据资料，计算工程量是按照设计图纸上的几何尺寸计算，除设计图纸上已列工程量进行复核计算外，有些工程量如构造物的挖基支护与排水等，需结合工程实际情况进行计算确定。

《公路工程预算定额》对工程内容和工程量计算规则都做了十分明确而具体的规定，定额运用时没有仔细分析工程内容和工程量计算规则。如预算定额中路基工程的人工挖运土方，是以天然密实土为计量单位，包括挖松、装土、运送、卸除与空回全部工序。又如桥涵工程中砌筑工程，其工程量为砌体的实际体积，包括构成砌体的砂浆体积，其工程内容包括配、拌、运砂浆、砌筑、勾缝及砌体养生等。

路基工程预算编制时，应先分析路基土石方数量汇总表中挖方与填方数量有否考虑路槽体积，否则预算取数据时有误；路基土石方计量中未扣除利用方，全部考虑计价方有误；填方路段借土工程量计算不正确，因为填方是按压实方体积计算，借方开挖、运输是按天然密实方体积计算，定额运用时挖方数量、运输数量，需按填方压实数量分别乘下列说明中的系数取用。

除定额中另有说明者外，土方挖方按天然密实体积计算，填方按压（夯）实后的体积计算；石方爆破按天然密实体积计算。当以填方压实体积为工程量，采用以天然密实方为计量单位的定额时，所采用的定额应乘以下列系数：（括号内为系数）二级及以上等级公路：松土（1.23），普通土（1.16），硬土（1.09），运输（1.19），石方（0.92）；三、四级公路：松土（1.11），普通土（1.05），硬土（1.00），运输（1.08），石方（0.84）。

上述的系数适用于人工挖运土方的增运定额和机动翻斗车、手扶拖拉机运输土方、自卸汽车运输土方的运输定额；普通土栏木的系数适用于推土机、铲运机施工土方的增运定额。

2. 预算编制时产生漏项或重复计价现象

当设计图纸中有关工程数量计算不齐全时，就会发生漏项现象，如在路基填筑前预算未考虑清除表土、填前压实、土质台阶、整修边坡、整修路拱等项目，从而预算出来的路基工程造价偏低。

在编制桥梁工程预算时，常将桥涵工程中拌和场地平整、拌和设备安装与拆除、桥涵支架、现浇梁板的支架漏列。在套用定额时，必须注意设计图纸中常将某项工程量包含于另一项工程量内，如有些路基土石方数量汇总表中已将挖边沟、截水沟、土坑等挖方量计入，而在编制纵向排水工程时，又计价一次，这样造成重复计价现象。

又如软土地基处理中采用砂或碎石等材料作为垫层时，未扣减相应的路基填方数量，使路基填方造价与实际不符。

桥涵工程定额中预制钢筋混凝土上部构造，如矩形板、空心板、连续板、少筋微弯板、预应力桁架梁、顶推预应力连续梁、桁架拱、刚架拱均已包括底模板、底座，而在编制上部构造预制时又计取底模板和预制构件底座、大型预制构件底座的费用。

3. 桥涵挖基中干处与湿处开挖分不清楚

干处挖基是指无地面水及地下水位以上部分的土壤，而湿处挖基是指在施工水位以下部分的土壤。辨证预算时常常将水中项目一律列为"湿处或水中"，而实际在水中施工中，一旦采用围堰、筑岛填心施工，就不得按湿处定额计价了。

4. 定额抽换与换算不明确

以下几种情况应进行定额抽换与换算：

（1）设计采用的混凝土、砂浆标号或水泥标号、碎石规格与定额中所列情况不同时，可按基本定额中的配合比表进行抽算。

（2）水泥、石灰类稳定土基层当设计配合比与定额中所列配合比不同时，有关材料应进行换算。

（3）定额中片石与块石比例、I级钢筋与II级钢筋比例与设计不同时，定额数量应进行调整。定额规定实际施工配合比材料用量与定额配合比表用量不同时，除配合比表说明中允许换算者外，均不得调整。实际施工中不论采用何种标号水泥，不得调整定额数量。

在砌筑工程中对砂浆用途不了解造成定额抽换不明确。如浆砌块石实体式台、墙中，5号砂浆砌块石，设计为7.5号砂浆砌块石，仅需将5号水泥砂浆换为7.5号水泥砂浆，定额中10号水泥砂

浆为勾缝用，不应换为7.5号水泥砂浆。

5. 定额套用错误

路面工程预算中，各类稳定土基层、级配碎石、级配砾石路面的压实厚度为15cm，填隙碎石一层的压实厚度为12cm，垫层和其他种类的基层压实厚度为20cm，面层的压实厚度为15cm以内，拖拉机、平地机和压路机台班数量按定额数量计算。如果超过以上压实厚度进行分层拌和、碾压时，拖拉机、平地机和压路机台班数量×2，每1000m^{2}增加3工日。

在编制路面结构预算时，产生套用定额错误。如30cm厚，5%水泥稳定碎石基层，分15cm厚两层拌和与碾压，正确套用预算定额号为 [预 − 7-2-7-7+815]，将人工工日数调整为30.6+1.515+3=56.1工日，拖拉机、压路机、平地机数量加倍；但会错误地将定额套用为 [预 −77-2-7-72] 或 [预 − 77-2-7-7+815]，而人工工日数、平地机、压路机、拖拉机台班数量未作调整。

6. 漏乘定额中规定系数

压路机台班当低等级公路设计为单车道路面宽度时，两轮光轮压路机乘以1.14系数、三轮光轮压路机乘以1.33系数、轮胎式压路机和振动压路机乘以1.29系数。半填半挖路槽时，人工工日乘以0.8系数。装载机装土方如需推土机配合推松、集土时，其人工工日、推土机台班数量应按"推土机推运土方"第一个20m的定额乘以0.8系数计算。挖掘机挖土方不需装车时，应乘以0.87系数。推土机推除草皮，如不采用人工割草，草与草皮一起推除时，定额乘以1.1系数。自行式铲运机铲运土方时，铲运机台班数量乘以0.7系数。

二、正确编制公路工程预算

公路工程预算编制是一个细致复杂的计算过程，确保公路工程预算的编制质量，达到合理计算与有效控制工程造价的目的是一项重要的工作。

1. 确定合理的施工组织方案

根据调查收集的资料并结合工地实际情况，制定切实可行、经济合理的施工方案，力求更客观地反映工程的实际情况，为编制预算时能更准确地套用有关定额，使确定的有关综合费率更加合理。

2. 熟悉与理解编制办法及预算定额

编制办法、预算定额是公路工程预算编制的依据。编制办法对预算编制的各个程序和步骤、内容都做了具体规定，必须熟悉、理解与严格遵照执行。

预算定额对各工程项目所包含的工程内容都做了详尽的描述，章节总说明对该章节如何计算工程数量，如何套用，如何调整，亦做了详细的说明，套用定额前须仔细阅读，推敲理解。

3. 读懂图纸与正确计算有用的工程量

图纸是计算工程量的依据，编制预算必须读懂图纸，认真核对工程数量。熟悉施工组织设计，按施工顺序依次计算工程数量，做到不重不漏。最后填写好工程量清单，以备查用。

4. 正确计算有关的综合费率

注意收集有关工程的政策、法规、造价信息及地方政府的政策等其他有关资料。如浙江省交通厅浙交 [1996]478 号通知公布的《浙江省公路工程有关造价管理的补充规定》；国家计委、经贸委计价格 [2000]744 号文件《国家计委、国家经贸委关于调整供电贴费标准等问题的通知》等有关资料。

5. 合理确定工程所在地的材料预算单价

应对材料价格现场调查，了解材料的产地、产量、规格、运输方式、运距、装卸费等，明确各种材料的供应地点和供应范围，计算材料运杂费、装卸费等其他费用，以最经济的材料价格，编制最合理的工程预算。

6. 如实编写编制说明

预算的编制说明是预算工作的小结，也是为预算审查提供了纲领性文件，因此编制说明应写好以下几点：

（1）施工组织方案；

（2）采用定额的调整及综合费率，施工技术装备费，计划利润，税金的费率等；

（3）材料预算单价的确定；

（4）预算金额，人工、钢材、水泥、木材、沥青等材料用量。

三、结语

公路工程预算是合理确定工程造价的手段，是实行基本建设招投标、签订工程合同、办理工程拨款、贷款和结算的依据，也是对工程进行成本分析和统计工程进度的重要指标。因此应尽可能正确合理地预算编制。

参考文献

[1] 崔艳梅.道路桥梁工程概预算.重庆：重庆大学出版社，2012.

[2] 石国虎.公路工程施工标准施工招标文件（上下册）.北京：人民交通出版社，2009.

[3] 交通公路工程定额站.公路工程施工定额（上下册）JTG/TB06-02-2007.北京：人民交通出版社，2009.

安徽省肥东县医院项目管理监理一体化实践与探讨

安徽省建设监理协会　盛大全

安徽宏祥工程项目管理有限公司　刘炳烦　王宁

摘　要：结合肥东县医疗建筑项目管理案例，安徽省监理协会与企业共同探讨新常态监理转型发展思路

关键词：项目管理　医疗建筑　专业化发展

一、协会调查项目概况、项目实施管监一体化的背景

1.安徽省肥东县人民医院新院区项目概况

项目规划为三级甲等医院，占地面积约180亩。建设规模为：总病床位1100床，日门诊量为2400人/次，停车位1000个，总建筑面积约12.6万 m^2，项目概算总投资约为6.8亿元（含医疗设备）。

项目设计单位为深圳建筑设计研究院总院，总承包单位为安徽省第三建筑公司，项目管理（监理）单位为安徽宏祥工程项目管理有限公司。项目于2014年9月10日动工，2015年5月16日主体结构已完，外幕墙、室内安装正在实施。

2.项目实施管监一体化的背景

项目于2012年5月份立项为肥东县重点民生项目，县卫生局及医院领导十分重视，因缺乏医疗建筑项目管理经验，希望委托社会专业化管理团队来进行管理，并及时向县委、县政府作出汇报，政府主要领导支持并决定在安徽省内择

优选择。院方组织对省内安医大一附院、二附院、省立医院等知名三甲医院考察，并与外省一些专业化项目管理公司交流后，了解到我国建设领域管理制度改革趋势已转向项目管理（监理）一体化咨询服

务，意识到采取项目管理方式的必然性。

通过在省内多家三甲医院考察调研，了解到安徽省内仅有安徽宏祥工程项目管理公司专门从事医疗建筑管理，所以肥东县政府于2013年9月26日适时召开专题会议讨论并给予政策上的支持，采取单一来源谈判方式采购本项目管监一体化服务。随后，医院与宏祥管理通过洽谈签订新院区建设项目管理（监理）一体化服务合同并及时进入现场展开工作。

二、医疗建筑项目管理的重点与难点分析

1.项目的管理重点

（1）医疗建筑项目策划

项目策划是全部建设活动的起始，对保证项目的投资收益和建筑环境质量具有重要意义。医院建筑作为民用建筑中最复杂的公共建筑之一，除了具备常规的建筑工程相关特点外，还要明确其整体定位、功能布局、流线组织，其中又涉及许多专业系统，如中心手术室、中心供应室、ICU、中心化验室等净化工程，医用气体工程、放射防护工程、污水处理工程、中央纯水系统、物流传输系统、污物智能收集系统等。专业化的项目管理服务团队必须对医院的功能、流程、系统以及常见的医院专业术语有充分的了解和掌握，才能与参建各方进行沟通协调。同时，还应收集好相关资料并做好整理、统计、分析的工作，对整个医院工程建设进行策划，做出总体安排，避免整个项目建设过程中出现盲目性和无序管理状况。

（2）医疗建筑项目设计管理

项目管理公司及时组织具有各类专业的技术管理团队，从初步设计方案阶段、扩初阶段到施工图阶段进行全过程

跟踪管理。包括但不限于与业主进行建设功能及标准确定，根据功能要求编制设计任务书，利用公司自身建筑专家库组织有医院建设项目管理经验的工程管理专家对建设项目的工艺流程布局、结构形式、基础形式等反复进行专业评审论证，为业主提供最优的设计方案。在方案阶段，项目管理公司应做好医疗设备规划，提供大型医疗设备技术参数；应协助设计单位做好垂直交通分析，评估电梯相关技术参数，为设计提供依据。另外在设计阶段还应确定中心手术室、中心供应室、血液透析中心等特殊专项工程的初步设计方案，采用方案征集的办法，与设计院"无缝"对接，使设计更加完善，避免了后期不必要的修改。

（3）医疗建筑专项报批报建

项目管理公司需协助建设单位办理医疗机构设置审批、辐射环评、卫生学评价、医疗机构设置以及人才培养计划等。

2.项目的管理难点

（1）投资控制要求高

任何经济签证都是在没有进行充分的前瞻性预估下产生的，预估到越多的问题，并加以解决，那么在工程建设过程中经济签证也就越少。因此必须加强事前控制，形成如下有效的严格管理措施：

1）在该项目设计阶段，组建医疗设备规划小组，编制切实可行的医疗设备规划，提供有力的设计参数，解决预留预埋问题。

2）对建筑功能布局首先组织参观

考察、调研，其次征询县医院相关科室主任医师、护士长意见，利用项目管理公司专家库的资源，组织医疗建筑方面的专家进行反复论证并修改方案。

3）项目管理公司组织建筑、电气、给排水、暖通、智能化、医疗设备各专业专家、工程师对设计施工图进行认真会审，重点关注医疗工艺流程设计、医院智能化设计、手术室ICU净化工程设计、气动物流传输工程设计、医用气体工程设计、医院标示系统设计、废弃物和污水处理工程设计的合理性论证。

4）为避免出现设计漏项，设备招标后发生设计变更，影响造价和安装施工工期的情况，经与业主单位和政府部门沟通协调，并报相关部门审查通过，本项目医疗专项工程采用设计施工一体化招标方式。

以上几种举措对项目建设过程中是否会产生签证有决定性的影响。至今该项目现场未产生一份经济签证，有效地控制了成本。

（2）工期要求短、专项工程多，交叉作业管理协调难度大（见表1）

本工程工期要求短，施工工期仅480天；专项工程多，设计、施工存在交叉，项目管理要做好前期规划、计划，强化过程管理，重视单项实施，善于沟通协调，注重风险规避。

专项工程较多，且特殊专项工程需二次深化设计，专项工程在结构施工时涉及一些预留、预埋工作，如手术室净化空调的送排风口需要在顶板上预留

医疗建筑专项工程表　　　　　　　　　　　　　　表1

专项1	专项2	专项3	专项4	专项5	专项6
手术部、供应室、化验室、血透中心、ICU	中心供氧及吸引工程口腔科	防辐射工程及特殊用房	营养食堂工艺流程及设备	医院标识智能化系统	太阳能地热水系统

序号		招标项目
1		地质勘查
2		图纸审查
3		工程监理
4		桩基检测、基坑检测
5		职业病危害预评价
6		辐射环评
7	服务类	主体工程设计
8		室内装饰设计
9		幕墙工程设计
10		智能化工程设计
11		景观、泛光照明设计
12		洁净工程设计
13		医用气体设计
14		物流传输设计
15		医用纯水设计
16		污水处理设计

序号		招标项目
17		建安施工总承包
18		智能化工程
19		室内二次装饰
20		空调系统工程
21		幕墙工程
22		洁净工程
23	工程类	物流传输系统
24		医用气体系统
25		医用纯水系统
26		污水处理系统
27		放射防护
28		室外市政工程
29		室外景观绿化
30		标志标识工程
31		输液系统

序号		招标项目
32		医疗设备
33		电梯（扶梯）
34		空调
35		锅炉
36	设备类	厨房设备
37		发电机组
38		消防设备
39		智能化设备
40		太阳能设备

图1　肥东县人民医院新区建设工程招标规划图表

洞；供应室的灭菌柜品牌将影响供应室面积的大小，管道、插座的走向位置等工作，各专项工程之间交叉作业较多，需要项目管理公司进行大量协调。

项目管理推行BIM技术应用，发挥其可视化、虚拟化、协同管理、成本和进度控制等优势，极大地提升工程决策、规划、设计、施工和运营的管理水平，减少返工浪费，有效缩短工期，提高工程质量和投资效益。特别是设计阶段，设计院内部各安装专业管道空间布置协调作用，以及工程实施阶段，医疗建筑安装工程管道多而杂，不同承包商之间的管道施工交叉作业协调难度大，根据管道施工小管让大管、分支管让主干管、有压管让无压管、给水管让排水管、常温管让高（低）温管（冷水管让热水管、非保温管让保温管）、低压管让高压管、气体管让水管、金属管让非金属管、一般管道让通风管、施工简单的避让施工难度大的、检修次数少方便的让检修次数多不方便的等避让原则，通过BIM空间模型展示，优势非常明显。

三、本项目管理获得成功的工作总结

专业能力是基础，经验积累是支撑，目标是保障项目建设布局合理、功能完善、流程科学、标准合规、投资受控、绿色环保。项目管理走专业化服务道路，做专、做精。

1. 开明的政府管理与社会支持很重要

项目管监合一管理模式的确定得益于开明政府政策支持，设计方案审批、规划许可、施工许可等得到各级主管部门大力帮扶与支持；监理协会高度关注、积极组织项目管理单位与省内外先进监理企业之间进行交流学习，并多次到项目现场考察指导工作。

2. 项目管理服务介入要早

设计方案反复论证很重要，由于目前医疗建筑多由政府部门介入项目建设管理，重在规范报批报建、招投标及建设程序管理，医疗建筑使用功能布局、科学流程容易被忽视；分管院行政领导多为临床医学类专家，对新型医疗、电梯、空调等专业设备技术参数的了解，及医疗建筑新工艺、新材料的使用和推广，医疗设备规划、工艺设计等需专业人士指导。项目管理服务早期介入，项目管理方案中制定的招投标管理规划、总控进度计划、项目资金使用计划，在降低工程造价、提高设计质量、减少变更签证等方面都有显著成效。例如本项目电梯共51部，分为客梯、消防梯、货梯、医用梯、扶梯、污物梯、提升机等，技术参数及土建井道尺寸各不相同，项目管理单位根据项目情况，安排电梯招标前置，避免了土建施工变更签证的发生。

3. 医院建筑项目管理专业化

因为医疗建筑项目管理不专业会造成严重不良后果，包括不能满足使用功能、变更签证导致投资造价超概、招标投诉等，所以对管理人员专业化提出更高要求，才能帮助业主方化解难题，推动项目顺利实施。

4. 创新发展促规范行业管理制度

制度是最基本的管理手段，协会鼓励项目管理公司在由监理向项目管理转型过程中制订有效的、合理的、适合行业发展的管理制度，规范执业人员道德行为，提高员工的工作效率和质量。规范化的作业流程与专业化管理服务，有利于创建公平、科学、规范的行业氛围。

5. 因地制宜开展项目管理转型

国家提倡走中国特色发展道路，项目管理发展要大力推行本地化，社会大环境在改变，项目管理方式转变作为一种趋势，政府在支持，行业协会在引导。安徽省建设监理协会在充分调研的基础上，选择了15家有条件的监理企业，鼓励他们积极向项目管理方式转型。

6. 业主单位要放权，项目管理不越权

业主单位、项目管理单位按照合同约定，明确各方责任主体定位与责任分工，业主单位决策、监督，项目管理单位策划、组织、实施、协调，双方密切配合、相互监督。

四、新常态监理转型发展思路与建议

1. 目前监理行业发展状况与趋势

我国目前的监理企业是投资、政策、市场依赖型企业。步入新常态时期，国家经济发展更注重质量，节能与环保，经济发展增速减缓，工程建设投资也将大幅减少，高利润的楼堂馆所项目停建缓建，监理企业合同项目及利润明显下降。

近几年监理行业政策调整幅度大，监理服务收费实行市场调节，但在过渡期也造成压价恶性竞争；建筑行业管理抓五方责任主体，安全责任压力加大；市场准入制度政策调整等都不利于现阶段监理企业发展。

随着市场化改革的不断深入，工程质量安全社会化管理体系逐步建立，强制性监理政策必然要进行调整，这对于长期形成依赖政府强制性政策生存的企业，必然要产生很大的影响。

2. 监理企业创新发展要有信心

2013年国务院办公厅出台《关于政府向社会力量购买服务的指导意见》(国办发〔2013〕96号)，各省市也紧跟形势出台了相关政策文件。简政放权成为新时期改革最鲜明的特征之一，而向社会组织转移职能和购买服务就是简政放权的重要内涵。工程项目管理，可分为全过程项目管理、分阶段项目管理等形式，是以项目管理专业技术为基础，具有与项目管理相适应的组织机构、项目管理专业人员，通过提供项目管理服务，为业主创造价值并获取合理利润。

随着党和国家对公权力的约束力加大、建设投资向基层延伸、专业机构建设项目增加、民营投资进入基础建设领域等因素，工程项目管理需求在不断增加。监理企业要增强和发挥自身专业管理服务优势，为保障建设工程质量安全做出贡献。

3. 项目管理转型发展建议

建设监理制度和监理行业是中国改革开放的产物，国家经济发展已进入新常态，市场需求多样化发展阶段即将到来，实施发展战略和引进先进技术是必然趋势，因此，部分有条件的监理企业要完成向项目管理企业和咨询服务企业的转型。按照市场经济发展需求，实现差异化发展，形成多层次，宽领域，特点不同，能力互补的企业功能和类型结构，有些中小型监理企业也可以通过努力创新发挥自身某一方面的优势，在某一专业方向做专做精做强，探索适合自身发展的特色化道路。

五、结语

总之，工程项目管理与监理一体化服务模式会越来越适应市场的需求。但一体化服务模式的运作还处于探索阶段，有许多可以研究的课题有待业内人士关注与探讨，笔者也真诚地希望业内人士能把管理与监理一体化服务模式作为研究的切入点，共同探讨我国监理行业的发展模式。

参考文献

[1] 2015年7月15日长春建设工程项目管理经验交流会，中国建设监理协会郭允冲讲话；

[2] 2015年11月5日江西中南地区监理工作交流会，中国建设监理协会修璐讲话；

[3] [论文] 仁心仁术——黄锡璆和他的医疗建筑；

[4] 2015年8月《安徽省建设监理行业发展研究报告》（审议稿）；

[5] 建设工程项目管理试行办法(建市[2004]200号)；

[6] 关于培育发展工程总承包和工程项目管理企业的指导意见（建市【2003】30号）；

[7] GB／T 50326-2006_建设工程项目管理规范(含条文说明)；

[8]《关于政府向社会力量购买服务的指导意见》〔国办发〔2013〕96号〕；

[9] 2014年2月安徽省政府《关于政府向社会力量购买服务的实施意见》。

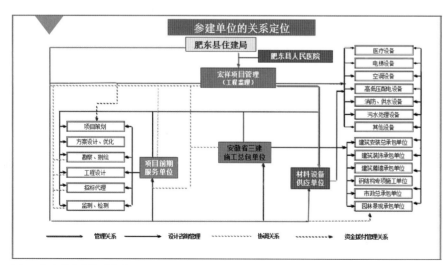

图2 参建单位的关系定位

强强联合　全面开展建设工程项目管理

武汉华胜工程建设科技有限公司　王炜

摘　要： 本文阐述了采用联合体模式开展全过程项目管理的实践经验及体会；提出了当前国内推进项目管理工作的建议。

关键词： 联合体　项目管理实践　项目管理建议

一、前言

根据《关于大型工程监理单位创建工程项目管理企业的指导意见》（建市〔2008〕226号）中"鼓励创建单位与国际著名的工程咨询、管理企业合作与交流，提高业务水平，形成核心竞争力，创建自主品牌，参与国际竞争"的意见和精神，我公司与美国高纬环球顾问咨询公司组成联合体承接了建行灾备中心工程全过程、全方位的项目管理服务，取得了预期的效果。

二、项目管理实践

1. 项目背景

本项目主要是为建行全球业务提供每周7×24小时不间断的联机数据灾备服务，在发生突发事件时能恢复相关数据，修复中断的系统及业务。项目总建筑面积208500m²，建安总投资29.6亿元人民币，由数据中心、运维中心、灾备中心、呼叫中心、研发中心及综合楼等组成。工程质量目标为鲁班奖，同时取得国家绿色建筑二星级，并达到美国绿色建筑委员会的LEED银级认证。

2. 联合体双方职责分解

根据项目管理合同约定的工作内容以及双方签订的联合体协议约定的双方职责，基于发挥双方优势的考虑，从17个方面对工作职责进行了分解，见表1，表2。

政府手续及前期管理双方职责
分配（S：支持，R：负责）　　表1

序号	工作内容	高纬	华胜
1	工作规划及要求	R	S
2	政府审批	S	R
3	总包进场前现场管理		R
4	场地施工及现场办公条件准备	S	R

续表

序号	工作内容	高纬	华胜
5	临时施工许可证	S	R
6	场地红线及建筑基础红线	S	R
7	能源供应		R
8	环境及交通评价	S	R

设计及技术管理双方职责分配
（S：支持，R：负责）　　表2

序号	工作内容	高纬	华胜
1	设计协调及审核	R	S
2	设计进度控制	R	S
3	设计变更控制	R	S
4	技术文件审核	R	S
5	落实建设标准及运行标准	R	S
6	物业运行建议	R	S
7	技术问题解决协调	R	S

3. 整合的项目管理团队组织机构

基于对项目的认识与理解，结合业主的需求，组建了22人的联合项目管理团队，下设施工生产部、设计技术部、进度 / 成本控制部、采购 / 合约部、质量安全部、政府手续报批部、文档信息部。

4. 设计管理

（1）方案设计

在投资不超过概算及满足规划要求的前提下，根据项目功能需求和建设规划要求，对建筑组团、室外环境和建筑外观及各单体建筑的用途、功能需求等予以分析，对设计方案提出修正意见，保证方案设计满足建设规划规定和业主需求。

（2）初步设计及施工图设计

为确保设计工作的顺利和协调各方的关系，初步设计开始后，设计技术部进驻设计院，对设计工作进行全方位管理。此阶段主要做好设计标准、指标、参数等的控制，同时对设计方案组织评审优化。

在施工图设计阶段，根据项目整体计划，制定出各阶段、各专业的出图时间节点，重点在设计深度和设计进度上下功夫，同时，有效衔接主设计院与专业设计院之间的相关确认与组织工作。

5. 招投采购管理

项目管理团队主要负责编制招标计划、协调管理招标全过程、审核招标方案及招标文件、审核造价咨询公司编制的工程量清单及拦标价、审核设计咨询顾问所提供的技术要求，并管理招标代理公司依法依规完成招标采购工作。

6. 合同及变更管理

（1）合同管理

组织合同谈判；协调合同履行过程中设计、监理、施工、设备材料供应及其他相关单位的关系；对重大设计变更和工程变更实施监控；复核已完工程的计量结果，确认合同价款的支付条件，

对各种违约行为进行监控并上报业主；监督检查合同执行情况。

（2）变更管理

设计阶段加强与业主、设计及政府主管部门的沟通，尽量减少采购阶段、施工阶段变更的可能。施工阶段发生设计变更，项目管理团队及时加强技术把关，审核设计变更的必要性和科学性，完善设计变更的有关手续，避免不必要的纠纷。

7. 施工管理

全面负责施工管理与协调，主要工作包括督促监理单位履行监理职责，重点在工程预控把关和计划管理中起主导作用。

8. 沟通协调

项目管理团队作为业主的延伸机构代表业主进行相关的沟通协调工作。

（1）沟通方案：编制沟通方案，明确所有信息的采集方式和传播途径，确保在耗时最短的情况下及时无缝地过渡到后期阶段。

（2）沟通内容：包括但不限于采购、合同、工程技术、现场施工、监理、造价等问题。

（3）会议制度。双周例会：两周召开一次项目例会，旨在解决项目执行过程中的重大事项，参会人员为各方主要负责人；设计、施工协调会：每周召开项目施工协调会，解决施工过程中的协调配合问题。不定期召开设计技术及其他专题会，以解决项目的重大技术、专项方案等重大问题。

（4）报告制度。为了让业主及时了解掌握项目进展情况，采取周报、月报、半年 / 年报、项目总结报告等形式及时向业主提交各类报告。各类报告的内容均有明确的规定。

9. 试运行、验收、移交和入驻使用管理

工程施工后期，组织进行系统调试和试运行工作，负责审核整理调试及试运行报告。组织相关单位对工程进行检查验收，确认是否符合设计及相关标准要求。对于不符合的项目，书面通知责任方按要求整改并核实整改结果。代表业主组织项目竣工验收工作并负责整理完整的竣工文件及竣工图纸，提供项目操作手册给物业管理单位。同时组织相关单位对物业管理人员进行培训。

三、项目管理体会

通过组成联合体开展项目管理，联合体双方各自发挥了特长和优势，归纳起来，在全过程项目管理方面有如下体会：

1. 设计主导作用，以往项目管理模式因合同及诸多因素影响对设计管理较为缺乏，往往在施工实施阶段才介入，而本项目在方案设计阶段就介入，以需求管理为抓手，确保了从源头掌握项目信息，协调处理好与规划、建设、人防、消防、供水、水务、城管、气象、燃气、园林等部门的关系，做好先期控制便于实施过程顺利推进项目建设，最大程度地发挥了项目投资效益。

2. 计划管理较为全面，从项目全过程进行目标分解后再分阶段实施全方位的管理，而以往更多的只是针对项目施工阶段进行管理。

3. 费用严格执行业主批准的概算。本项目投资强度大，项目管理团队通过全面分析设计概算及造价咨询公司的咨询报告意见后，结合建设标准，汇总编制了项目总概算报业主批准。在设计及招投标阶段严格执行预算结构，在施工

阶段,严格控制变更及签证,有效地控制了项目概算。

4.质量控制,本项目强调了对质量的全面管理,这也是开展项目管理的初衷,而以往则把质量控制的重点放在项目实施过程中,对早期介入概念比较模糊。

因此,本项目所实施的项目管理模式对提高项目综合投资效益、减少业主参与管理时间和精力有很大帮助。而该项目的最大特点就在于能先期介入设计管理,在开展限额设计的同时,将业主需求与项目需求结合起来,最大限度地避免了实施阶段产生的较大变更。

四、推进项目管理工作开展的几点建议

1.完善项目管理的相关法规,促进项目管理业务的规范开展

(1)鉴于目前各地开展项目管理的差异化、发展的不平衡和责、权、利关系的不确定性,亟待明确项目管理的法律地位,做到开展项目管理工作有法可依,违法必究,解决好开展项目管理的法律依据。

(2)明确业务承接问题

建设部《关于培育发展工程总承包和工程项目管理企业的指导意见》(建市[2003]30号)中明确规定:"对于依法必须实行监理的工程项目,具有相应监理资质的工程项目管理企业受业主委托进行项目管理,业主可不再另行委托工程监理。该工程项目管理企业依法行使监理权利,承担监理责任"。但目前各地项目管理招标模式不统一,有的采取"项目管理+监理"即"监管合一"的招标模式,有的采取项目管理和监理分别招标即"监管分离"模式,这给监理企业承接项目管理业务造成了政策上的障碍。因此,必须制定专门针对项目管理招投标的管理办法,积极培育和完善工程项目管理招投标市场,便于工程监理企业合法地承揽项目管理业务。建议采用"监管合一"模式,将更有利于项目管理市场的培育和投资效益的发挥。

(3)关于国外项目管理企业从业资质及人员的从业资格问题、项目管理服务的深度评价问题等都应有比较明确的指导意见。

2.加大推广力度

目前项目管理市场并不大,原因在于很多建设单位没有理解项目管理的真正内涵,甚至把项目管理等同于监理,认为没有必要多花一笔项目管理费。导致这种想法的原因与我们推广项目管理力度不够有很大关系。

建议对部分政府投资非营利性工程建设规定必须实施项目管理,这样才能有效增强项目管理的影响力,扩大项目管理市场,让更多的有志之士、更多的项目管理公司参与到项目管理工作中去,形成竞争态势,从而提高工程项目管理企业的管理水平、人员素质,打造一批国际型工程公司和工程项目管理公司,在工程技术、组织结构、人才结构、项目管理体系等方面实现与国际接轨,加快工程建设企业迈向国际市场的进程。

3.建设单位应积极实施并规范工程建设项目管理工作

大部分建设单位项目管理水平较低,但又不愿放权甚至不相信项目管理公司,例如在工程招标、施工合同、材料供应合同签订,工程款支付等过程中干预过多,制约了项目管理工作规范有序开展。建设单位只有按照国家法规、合同约定给予项目管理公司权限,才能得到项目管理公司提供的优质服务,确保项目的顺利实施。

4.项目管理公司应内强素质、外树形象,履行好项目管理职责

项目管理服务之所以得不到快速发展,与其提供的项目管理服务水平不高有关,也与其自身管理水平不高、管理体系不完善,不适应工程项目管理的要求有关。因此,必须加快企业内部建设,建立健全组织机构,完善工程项目管理体系,满足工程项目管理的要求。加强对从业人员的管理,加大其职业道德教育,强化其责任意识和质量意识,对其工作质量、工程实体质量、服务质量进行考核,以规范其执业技能和行为。同时,明确项目管理人员岗位职责、规范程序文件、重视管理大纲编制等工作,从而达到工程项目管理规范化、科学化、标准化的运作要求。

五、项目管理,肩负着责任前行

我国的工程项目管理事业自面世之日就承载着保证工程质量与安全、降低工程成本、提高项目投资效益、规范建设市场管理的重任,可谓责任重大、意义深远。因项目管理开展的时间不长,相关的法律、法规、管理办法等还急需完善,也面临着一些实际困难。因而,项目管理公司既要正视困难,又必须勇于挑战;既要敢于承担肩负这份沉甸甸的责任奋勇前行,又要积极投身于国际竞争中以增强自身实力与国际项目管理公司开展交流、合作与竞争,打造一批具有国际竞争力的项目管理公司,这也正是一个负责任的项目管理公司应尽的责任和义务。

乌鲁木齐县板房沟乡两居工程项目管理经验交流

新疆中厦建设工程项目管理有限公司

摘 要： 本文主要是根据我公司承接的具体项目管理工程为例，重点阐述了我公司在策划阶段、设计阶段、施工阶段、竣工验收、保修阶段中所采取的具体措施。最后总结分析我公司现阶段开展项目管理的经验与发展方向。

我公司根据中建监协【2015】27号文的精神要求，同时为贯彻落实住房和城乡建设部关于推进建筑业发展和改革的若干意见和工程质量治理两年行动方案的要求，我公司在实际的工程操作过程中，为增强对建筑市场变化和改革的适应能力，在建设工程项目管理方面做了一些尝试，现将我公司在具体的项目管理工作中的相关经验汇报如下。

一、项目管理工程概况

我公司承接的项目管理工程建设地点位于乌鲁木齐县板房沟乡，涉及3838户农村居民"两居工程"建设。按照乌鲁木齐县板房沟乡村庄总体规划的要求，优化村庄布局，坚持"一户一宅"、拆旧建新、一步到位。本着节约和集约用地的原则，有效整合资源，积极推进自然村向中心村集中，向规划居民点集中。同时，牧区分散户可适当进行原址翻建。"两居"工程建设原则上为砖混结构，房屋功能注重突出节能保温和抗震安居理念。

乌鲁木齐县板房沟乡对符合"两居"工程规划、房屋建筑标准和宅基地面积使用标准的农（牧）户给予每户5～6万元补助。"两居"房屋建设中农牧民自筹资金可以享受贷款贴息的政策，按每户不超过5万元贴息贷款额度执行，贷款时间不超过5年。

二、项目管理范围与工作内容

乌鲁木齐县板房沟乡项目管理的范围包括从前期策划准备到最后交工验收、农牧民办理入住的全部项目内容，主要应乡政府要求向板房沟乡提供项目策划、合同管理、设计管理、施工管理、竣工验收的全过程管理内容，代表乌鲁木齐县板房沟乡政府对工程项目的安全、质量、进度、投资、合同、信息等进行全过程管理和控制。

三、项目特点

1. 本项目工程量大。涉及3838户农村居民"两居工程"建设，建筑面积约50万 m²，投资额约7亿元。

2. 分布区域广，建设地点分散。乌鲁木齐县板房沟乡辖8个行政村，49个村民小组，行政区域面积1063.7km²。每村每户基本都要新建、翻建。

3. 建设形式多样。

（1）"两居工程"建设项目中有乡政府直接投资集中建设，然后分给农牧民，农牧民在享受政府财政补贴和财政贴息贷款的情况下按成本价支付购房款，其余所有基础配套包括给排水、道路、电力、通信、热力、绿化及小区围栏建设资金全部都由政府财政资金支付实施建设，比如灯草沟三队、八家户村即为此种模式。

（2）某些行政村，如合胜村180户、东湾村50户等实施腾笼换鸟模式进行两居工程建设，即村民必须从原址宅基地腾出，村里统一规划一块新的地皮进行集中建设，这种方式虽然地点集中但村民作为业主直接委托施工方建房，同样在享受政府财政补贴和财政贴息贷款的情况下直接对施工方承担支付工程款的义务。

（3）除上述两种建设形式外，各村村牧民在原址上翻建，以点状分布的也占据很大数量。

4. 由于以上所提之特点，本项目在前期土地、规划、设计、招标、资金来源、合同签订管理、工程实施过程中的管理都有着与常见的城市集中建设的项目截然不同的特点和难点。

针对以上特点，我公司按本项目《项目管理合同》约定，结合国家有关建设方面的法律、法规、程序流程及公司委派的项目管理部工程师们的经验智慧，对项目实施了综合性的、多样化的项目管理工作。

四、项目管理的具体实施

1. 项目管理前期策划准备

（1）组织机构策划安排

在具体的实施过程中，我公司针对项目特点，组成了由总经理牵头的下设不同管理职能的组合式项目管理机构：

1）由总工程师负责前期规划设计审查部。

2）由督查部负责原址的翻建，散户建设。

3）由管理部负责集中连片的建设。

由于项目量大，点散，我公司抽调了多名业务能力强、项目管理体系运用熟，并有独立工作能力的工程师承担各部分项目管理的质量、安全、投资、进度、合同等工作。同时，为增加管理工作的机动性，提高工作效率，我公司除在项目管理办公室配备必备的办公设施外，还配备了两辆小客车，供项目部现场使用。并且在管理工作开始之初已形成了一整套用于项目管理使用的专用表格管理程序体系。

（2）设计管理

根据本工程特点，我公司对设计管理工作也进行了细化分工。

由于我公司介入本工程项目管理工作时，某些前期工作已在进行，对于集中连片建设的住宅图纸已基本绘制完成，我公司规划设计审查部组织相关专业工程师进行审核并提出修改意见。审查重点是本着造价低、施工便利、外形大气美观、使用便利舒适、符合两居工程要求、尊重村牧民民俗习惯的原则进行的。

对于大量原址翻建和分散建设的住宅图纸，在初期管理工作中还出现过一点小波折。我公司针对乡政府提供的83个规划户型组织专业技术人员进行精选，挑出六套我们认为是经济、美观、实用的。但是在实际的建设过程中，由于未事先与村牧民充分沟通，选出的规划户型并未得到村牧民们的全部认可采纳。故而，在后期的施工开始之前，为保证程序合法、满足抗震节能等两居工程基本要求，我公司请乡政府委托村委会向村牧民广泛征求户型意见，最后统一了八套户型，即80m²、100m²、120m²二套、140m²、160m²、180m²、230m²等户型，由乡政府出资，请专业的满足资质要求的设计院绘制正规的施工图纸。在委托设计的过程中，我公司相应的项目管理部首先与业主负责人充分沟通，后向设计单位提出了设计技术要求，并仔细审查了设计合同，保证了优质优价，还约定了有效设计周期，使所绘制的施工图程序合法即设计单位的资质专用章、各专业设计师岗位注册印章、图纸审查章全套盖齐，另外，图纸上的数据、说明、大样等均完整细致准确，使之在实际使用中施工方、监理方、业主们均感到方便好用，避免了浪费、歧义、扯皮现象的发生，提高了效率、节省了投资。

（3）前期合同管理

除上述设计合同、勘察合同审查外，我公司项目管理部重点针对施工合同进行管理。

在集中建设项目的合同未签之前根据招标文件、投标文件和中标通知书组织合同谈判，着重对合同价款支付、预付款、进度款支付条款中的风险调整因素进行起草、分析、把控，协助甲方对合同条款的最终确认。

由于散户建设的数量大，而且散户都是村牧民自己与施工方签订施工承包合同，既没有招投标前置程序，村民们多数都没有专业的工程合同法规的知识与经验，村民建房后可得到政府补贴，但房屋必须符合土地、规划和抗震节能安居工程的要求，在我公司未介入该工程的项目管理之前，村民们所签的合同五花八门，有的约定内容简单模糊，有的合同是签了，但却未拿到自己手里，造成后期出现纠纷时调解处理的难度较大。比如七工村五队项目，共92户，由某施工队承包施工，当冬季来临，无法施工，施工作业人员要求支付人工工资时，结算进度款，此时需要调看施工合同时才发现大多数村民未拿到签过的合同，且签过的合同条款也不全面，口头约定与书面所写不一致，付款方式约定不明确，造成结算困难，民工工资不能及时发放。为避免此类情况再次发生，我公司介入此项目的项目管理工作后，协助乡政府重新梳理了此类项目管理工作中容易出现问题的环节、节点，参照国家、自治区相关规定，针对性地提出并编制了农民工工资保证金办法、履约保证金、施工单位介绍人担保书、施工单位承诺书、法定代表人授权委托书、施工单位资格审查等办法，同时编制了村牧民能看懂、又符合现行工程建设法律法规规定的《村民房屋建设施工合同》范本，经乡司法所、乡法律顾问及乡党委会审查通过后，批量印刷，全面采用，有效遏制了两居工程建设中各类不良扯皮争议事件的发生。

（4）项目建设前期工作及市政配套的管理

1）我公司项目管理部积极协助办理立项阶段市政配套征询。

2）协助办理项目初步设计审批手续、初步设计文件，协助甲方报送有关土地、规划、通信、交通绿化、劳动保护、给排水、电力等部门审批。

3）按工程开工条件要求协助办理施工场地，申办临时用水、用电，建筑红线、水准点等手续。

4）督促并协助申领临时用地规划许可证。

5）协助联系与规划部门做好场地定线测放。

2.施工阶段项目管理措施

由本工程项目特点所决定，施工阶段我公司分两种情形开展项目管理工作。

集中连片项目质量、投资、进度、安全的管理由管理部具体实施。

1）协助、督促办理监理备案登记证、工程施工许可证及质监、安监报建手续。

2）协助甲方组织施工图纸会审、设计技术交底，审查签发会审、交底会议纪要。涉及工期费用、建设标准或使用功能的应报甲方认定。

3）审查监理单位编制的建设监理规划，督促监理单位按审批的规划实施监理工作。

4）督促监理单位审查施工组织设计及各类专项方案。

5）督促监理单位做好建筑放线复核验收。

6）审查设计修改文件，涉及费用、建设标准的报甲方同意。

7）审查监理单位编制的建设监理实施细则，督促监理单位按审批的细则开展工作。

8）负责合同条款的解释（有经济条款需得到甲方认可）。

9）审核、合同条款的修改和补充（有关经济条款需得到甲方认可）。

10）审核合同的索赔和反索赔（提出索赔报告、报甲方审定）。

11）处理合同纠纷（有关经济纠纷的处理意见需得到甲方认可）。

12）根据业主要求对未计价材料提出产品的标准和档次要求。

13）协调各独立承包单位，市政配套单位及甲供设备材料供应单位的进退

场时间以及相应的施工周期，合理安排交叉施工顺序。

14）收集有关实际工期的详细记录，定期向甲方提供进度分析报告。

15）审核有关单位提出的工期索赔报告。

16）做好甲供设备、材料的质量预查，按质量标准要求组织验收后提供给相关单位使用。

3.项目管理

（1）施工安全管理

1）协调施工总平面布置，为各独立施工单位能够按时进场施工提供现场条件。

2）督促、检查施工单位安全生产管理制度的建立和健全，协助甲方与其签订安全生产、文明施工协议，落实安全生产责任制。

3）定期组织检查安全生产措施落实情况。

由于工程单体规模小，层数少，绝大多数均为1~2层，高度不高，再加上项目参与各方有效积极的配合努力，本项目至今未发生安全事故。

（2）工程质量管理

1）根据甲方意图确定工程质量目标，并制定相应的分解目标，提出相应措施，贯彻到相应的合同中。

2）督促相关单位制定相应的质保体系，及达到相应目标的对策措施。

3）督促项目监理单位质量管理部门落实具体岗位人员和措施，严格按规范和图纸要求，对进场材料进行合格证件的核查；经常性检查对材料见证取样的落实，各工序施工的旁站、验收工作，并是否做好相应记录等。

4）协助业主或监理单位组织各类质量检查和验收。

5）协助业主组织工程竣工备案各项工作。

（3）工程投资管理

1）协助业主审核支付申请。此项工作之前做得很不规范，款项支付情况混乱，部分工程款项甚至直接支付给了现场施工人员，导致民工与材料商不能及时收到相应款项，由此引发了大量的民工上访事件，影响了政府形象，乡政府痛定思痛，将我们适时地纳入到了工程款审核支付工作流程中来，我公司项目管理部及时为业主出台了《工程款审核支付管理办法》，使得后续大量的工程款支付审核再未引起不良事件发生。

2）严格控制和审核设计变更和经济签证，把不合理的、性价比太低的变更想法、意见予以否定，对不该发生的工程量的增加经核实后坚决予以否定，积极杜绝工程投资额的不良无端增加。

3）审核各相关合同费用及其支付方式。严把工程款支付审查关，按照既定的审查流程和条件，耐心、细致、公正、及时地对施工方所报款项申报资料进行审查核对，做到既能让施工方及时拿到工程款而不影响工程进度质量，又能保证业主不多花钱、不白花钱、不超前花钱，做到物尽其用。

（4）工程进度管理

1）按照甲方对总工期的要求，督促监理单位审核分阶段工程进度计划，督促检查落实各阶段各单位进度实施情况。

2）与监理单位一起审核项目总进度网络计划，确定控制节点，提出控制计划目标。

3）严格按计划进度进行动态管理，一旦发现进度脱期趋向，及时查明原因，

并采取相应的积极措施予以调整，确保总工期如期完成。

经与业主协商，当进度、质量、安全各因素相互影响时，必须以质量安全为优先保证目标，在保证质量安全的前提下应当采取各种可能的措施保证工期。

散户项目的施工期管理由管理部负责。

对于较集中的散户的建设区域，我公司根据具体情形安排固定管理人员蹲点驻守，及时发现解决问题，其余分散项目由项目部工程师分组管理，每天及时汇总，向业主汇报，具体工作如下：

1）按约定做好施工单位企业资质的备案审查工作（备案由各村村委会进行），核查企业法人委托授权内容、审查施工管理体系情况。

2）规范建房户与施工方的工程施工合同内容，完善工程款项支付约定，保证施工合同甲、乙双方各自持有，避免造成建房户与施工方纠纷。

3）严格按照施工管理、安全管理、工程质量管理统一验收标准要求，使工程质量验收程序化，规范化。

4）严把工程款支付审查关，由于业主是村民，我公司项目部成员积极主动关心业主付款情况，做到既不能让业主多付或超进度付款，也不能让施工单位欠账干活而影响质量进度。

5）严格执行《新疆维吾尔自治区安居富民工程质量检查验收准则》内容，按实际情况提高工程质量验收标准，严格按照乡政府提供的符合设计规范要求的图纸标准与细部规范验收质量标准实施。

6）在施工过程中，按照乡政府土地规划管理部门批准的规划用地许可文件，首先参照规划许可文件对建房基槽

进行复测，同时核实建筑面积，查看基底土质情况，实测基槽深度，严格按照《新疆维自治区安居富民工程建设标准》，督促施工单位认真做好基础柱、圈梁钢筋制作、位置设置、钢筋型号、尺寸标高、混凝土设计强度以及屋面梁的设置、钢筋的制作、板筋结构布置的施工工作。

7）认真核实主体（框架）构造柱钢筋的节点锚固长度、墙体截面、门窗洞口尺寸是否符合施工图设计要求。

8）工程材料进场确保"三证"齐全。不合格的建筑材料严禁在工程上使用。特别是主材，屋面防水、外墙保温、门窗材料确保符合规范的要求，项目管理部不断强化施工过程中的质量巡视工作，加大对施工现场的关键点的管理工作力度。

（5）竣工验收阶段的管理

该项目单位工程多，有部分项目已进行了竣工验收。我公司项目管理部在此阶段督促各方完成如下工作：

1）验收程序和组织

分部工程验收、单位工程、工程竣工初验先由监理单位组织监理人员对承包单位报送的分部和单位工程质量验评资料进行审核和现场检查，符合要求后予以签认，然后由施工单位向项目管理单位提交工程验收报告。

工程竣工验收则由业主组织项目管理者、施工、设计、监理等单位（项目）负责人进行单位（子单位）工程验收。建筑工程质量验收应符合相关施工质量验收规范的规定。当建筑工程质量不符合要求时，应按规定进行处理。

2）工程竣工验收的实施

竣工验收准备

① 施工企业进行预检、经自评合格。

② 由施工单位向项目监理机构提交"工程竣工验收报审表"及附件。

③ 总监理工程师根据专业施工完成情况决定进入竣工验收阶段，通知监理单位并组织监理人员进行竣工初验。

④ 竣工初验通过后，施工单位向监理单位提交"单位工程竣工申请报告"及竣工报告。

⑤ 竣工初验通过后，监理单位应完成"建筑工程质量评估报告"、设计和勘查单位应完成"建筑工程质量检查报告"给项目管理单位，由项目管理单位协助业主准备工程竣工验收工作。

竣工验收过程

① 竣工验收由项目管理单位协助业主组织，组成由项目管理、施工、监理、勘察、设计等有关方面专业人员参加的验收组，并制定验收方案。

② 项目管理单位协助业主应当在工程竣工验收七个工作日前向工程质量监督站书面申报，并附送相关资料。

③ 建设、勘察、设计、施工、监理单位有关负责人和专业人员分别汇报工程建设执行法律、法规和工程建设强制性标准情况，共同审阅相关资料。

④ 实地查验工程质量。

⑤ 验收组人员代表各方在"单位（子单位）工程质量验收记录"上签署工程质量验收意见，并在竣工验收报告上签署共同验收文件。

⑥ 工程质量监督站对所监督工程竣工验收的组织形式、验收程序、执行验收标准等情况进行现场监督，发现有违反建设工程质量管理规定行为的，责令改正。

竣式验收务案及交工

① 督促监理审核竣工图及工程施工竣工资料。

② 协助办理规划、通信、劳动保护、给排水、电力、档案、房产证等竣工手续。

③ 协助配合业主进行竣工决算审计工作。

④ 按有关要求整理竣工资料、拍摄工程录像。

⑤ 资料归档，交档案馆保存。

（6）保修阶段的管理

当保修阶段出现工程质量缺陷时，我们告知村民请原施工单位来进行工程维修，项目管理单位应对质量缺陷的原因进行调查分析，并确定责任归属，对非承包单位原因造成的工程质量缺陷，应要求业主方支付修复工程费用。

同时要求监理单位应依据委托监理合同约定的工程质量保修期监理工作的时间、范围和内容开展工作。维修工作进行时应对施工单位和监理单位进行管理，对修复的工程质量进行验收，合格后予以签认、办理相关手续，非承包单位原因造成的工程质量缺陷，应核实修复工程的费用和签署工程款支付证书，并报业主方。

五、项目管理的困境与展望

政府作为项目管理的推动者与支持者，对项目管理的发展发挥了重要作用。但是在具体项目的实施过程中项目管理的经费拨付受各种因素的影响而不能够正常进行。我公司承接的项目管理工作已经进行了一年多，为保证所有村牧民自建房的质量和安全做了大量的行之有效的工作，付出了艰辛的劳动，取得了良好的成绩，而截止目前我公司收回的项目管理费仅 10 万元，相对于我公司在项目上安排的专业人员工资福利和交通及其他办公费用来讲简直就是杯水车薪。故而，我公司作为项目管理的实践者，呼吁业主既要做项目管理的推动者又要切实做好项目管理的支持者。

我公司的主营业务为监理业务。经过多年的发展与积累，公司具备许多拥有建设工程专业知识与经验的工程师。这些专业技术人才在项目管理的质量与安全方面能够起到积极的促进作用，人才的储备和公司企业文化中服务理念的转变已然成为公司由监理企业向项目管理转型的核心。

我公司向项目管理方向积极拓展业务是公司战略发展的必由之路。根据公司多年积累的监理工作丰富的实践经验，为我公司在项目管理实际操作提供了可能。目前，对于我公司来说，当务之急是培养全过程项目管理的能力和构建项目管理的体系。同时，政府的合理定位、法律的不断完善、市场的科学监管都成为监理企业向项目管理企业转化的主要支撑和必要基础。

浅议编写项目管理总结报告

宁波高专建设监理有限公司　俞有龙　甘帮春

摘　要： 项目管理总结报告主要面向业主及管理公司领导，在回顾建设过程，总结项目管理得失，提炼项目经验教训等方面都起到重要作用。成熟的项目团队其主要成员均应熟悉总结报告编写过程、报告内容及审核程序等。本文就如何规范地编写项目管理总结提出一些观点，在形式、内容和编写技巧等方面表述了常规做法。文中多以经验体会分享，请同行批评指正，以求共同提高。

关键词： 建设工程项目　项目管理　总结报告　业主　项目经理　职能工程师

建设工程项目管理推行十几年了，现在设计、施工、监理等咨询行业内已经熟知，社会上建设业主对此也不再陌生。曾有寄语项目管理开拓者，"事先你打算如何做，请将它写出来；事中你做的经过，请将它记录下来；事后，你还要将做的效果总结起来……"为此，关注不少运作成功的项目，其管理工作总结也是一个方面，管理公司应重视积极推动，要求编报项目管理总结。项目团队中以项目经理为主导，应视工作总结为团队责任，在建设项目竣工后的一段时间内专注地完成编写，并及时提交报告。

项目管理总结报告编写应有组织地分工写作，编写的内容也要有所选择，系统汇总，总结成稿，需专门审核等。项目管理总结编写宜讲究技巧，注意积累经验等。以下，笔者就从这些方面根据工作实践，表述一些想法与建议。

一、编写内容剖析

报告的作用一般是汇报情况、陈述意见或就专题作系统讲述等。项目管理工作总结报告是向业主或管理公司领导呈报，由参与项目管理的项目经理及其他领导的管理团队就项目从准备至完成的建设过程情况、委托管理合同履约情况进行总结并提出建议的报告。

报告的内容应包括项目概况、工程建设情况、管理投入及运行情况、履约目标实现程度、项目管理主要工作内容（如技术、合同、造价、招投标、质量管理）、管理形成资料、管理工作体会与建议、项目问题提示等。归纳为一句通俗的话，项目管理总结就是要向项目业主或管理公司反映投入项目的管理团队就本项目实施项目管理的工作情况、工作效果，并总结经验教训，提出建议。

在"项目管理主要工作内容"中，应依据管理公司与业主所签订的委托管理合同中所明确的工作内容来进行分解。委托项目管理是在项目建设实施过程中由管理公司向业主提供一般性的建设管理服务并同时提供综合专业咨询服务。其中，综合专业咨询服务包括的可选内容为勘察设计技术管理、招标代理、造价咨询、工程监理及其他咨询等，还包括项目前期阶段部分工作，如项目可行性研究、专项调研等及项目运行阶段延伸服务，如建设后评估等；而一般性的建设管理服务则按建设阶段分，可包括项目前期、实施及验收期甚至试运行期等。不同性质的管理公司开展项目管理在咨询服务上综合的内容会有不同侧重，就监理公司提供项目管理一般应包括工程监理，视业主需求、项目特点不同也有不包括监理在内的业务委托。但是总的来说都要进行采购管理（招投标）、合同管理、造价管理、质量管理、进度管理、信息管理等。以下为某个包含工程监理在内的项目管理总结报告的目录结构（提示：如不包含监理，项目管理仍应该进行现场管理以确保工程质量）。

1. 工程概况

2. 项目管理工作情况及记录

（1）参建项目管理人员及组织运行情况。

（2）项目管理目标和实现程度。

（3）项目管理主要工作内容及资料情况。

1）办理报建手续；

2）设计咨询服务；

3）造价咨询服务；

4）招标代理及动态合同管理服务；

5）施工阶段监理服务；

6）有关工程验收及质量保修。

3. 项目管理工作体会和建议

4. 管理工作中几个主要问题提示

注：项目经理在编写项目管理总结前应事先列好编写提纲，决定总结报告的主要编写内容。

二、编写组织分工

项目管理工作总结报告的编写要依据项目的特点、委托管理的内容来确定编写提纲，这是项目经理的事。但全文编写可不是由项目经理一人独立完成的，必须由项目经理主持编写并组织项目团队成员共同编写总结材料，项目经理汇总修改而成。当然小项目中，鉴于委托内容少，也可能出现由项目经理来独立编写，可提高效率，但编写完成后也会征求项目成员的修改意见，而后成稿。

为说明这个问题，首先得表述管理

公司开展项目管理的组织分工、岗位排布。就某个监理企业开展的项目管理配置项目团队，一般设有项目经理（或兼总监）、前期工程师、合同工程师、技术工程师、现场工程师（或兼总监代表、土建监理师）及项目机电工程师，一般项目中不设专职资料员。这些工程师都能针对委托管理的内容独立承担项目某一方面的管理工作，如前期工程师主要是办理建设手续，包括扩初审批、消防报审、人防报审、质监办理、开工许可等等工作，承担协调项目周边环境及社会关系的职能，其主要工作有其特殊性，办理业务中很多情况下是经由项目经理关注，但却不是由项目经理领导或主持或指挥下才去做的。其他岗位工程师及其工作也有此特点，如合同工程师承担采购管理、造价工程师承担预算编审等。因此，职能工程师的管理工作情况应该由职能工程师来总结编写才有针对性。

其次，要突出项目经理岗位的职责，

他是项目管理的灵魂所在，一个有经验的项目经理善于组织协调团队资源，公司资源及项目干系人之间的关系等，一般还必须是建设领域的某方面专业人员，但其主要职责是承担管理职能。他跟踪把持项目的全过程，各方面，代表公司为业主委托管理内容正常实施而负总责。因此项目经理必须承担主持管理，编写总结报告。

再次是如何组织报告的编写分工，即前述总结报告的主要内容应该分配给相应的人员，以下表列供参考。

在明确了编写内容及编写分工后，就可以结合项目管理总结的编审程序来正式开编写工作了。

三、编审程序要求

编写项目管理工作总结主要程序为：

（1）项目经理找到案例样稿，提出编审计划。

（2）项目经理组织项目主要成员会

项目管理工作总结人员编写分工参考表　表1

序	参编岗位	编写内容	协作资源	备注
1	项目经理	负责综合性的材料编写，如项目概况、项目目标及实现、建设过程回顾、管理资源投入及组织运作、项目管理体会与建议、主要问题提示等；参与现场管理、设计管理、合同管理、造价管理等专业管理内容的编写；汇编总结文字材料	公司总师室、其他成员	职能工程师应取得所属职能部室的支持协作
2	现场工程师	协助项目经理完成综合性的材料编写；编写现场管理内容，包括工程验收及质量保修；参与其他内容编写与讨论	项目经理、资料员	
3	技术工程师	编写设计管理内容；参与其他内容编写与讨论	项目经理、资料员	
4	前期工程师	编写前期管理内容；参与其他内容编写与讨论	项目经理、资料员	
5	合约工程师	编写招标采购、造价控制管理内容；参与其他内容编写与讨论	项目经理、资料员其他成员	
6	机电工程师	协助团队其他成员，参与相关内容讨论		
7	资料员	提供及整理资料；汇编管理工作记录及工程竣工资料目录		

议，明确编写内容、编写分工等要求。

（3）编写工作按计划进行，期间由项目经理组织编写进度会议，协调编写事项。

（4）项目经理负责汇总各职能工程师编写内容，并抓总成稿。

（5）成稿提交总师室，由指定专人进行审查。

（6）审查后稿件再报公司进行复查，确定成稿。

以上编审程序只是简单的几句表述，但确定的程序是经过实践提炼出来的，可成为工作惯例参考。一方面是指编写要有程序，在履行这个程序中关键人物是项目经理。编写程序包括启动编写前要有计划，编写工作过程中要交流、要进行监督检查，编写后还要进行汇总、修改等。凡编写项目管理工作总结的，一般都是安排在项目交工后一定时间内，这时项目团队的人员已经分开，有的已经由公司另行安排工作到别的项目上去了，甚至项目经理也已经另接新项目或重心不在此项目工作中了。若出现人员分散，因由项目经理去领头做工作，这涉及项目经理有个人影响力，更应该在公司层面上以制度支持来补充，编写工作才能真正组织起来。很多好的项目因为后期项目资源调配及公司支持力度不及，项目管理总结报告不了了之。

另一方面是指审核程序，审核的关键人物（主审）应该由审核部门来确定，要选择有耐心、有经验的专家或公司领导。在对项目团队编写过程中就耐心指导，汇总项目经理们提交的成稿要细心修改，针对总结中的建议及问题，分析其中各种托词，并潜心理会，适当实施删减，具体到稿件中的表格格式、文字内容均要进行逐字逐条修正。在基本成稿面，主审几乎必须与项目经理一起视

总结报告编写为工作重点，全心全意地修改、审查。特别是管理工作总结报告在向业主提交时，要细心地剔除牵强附会的建议或意见，忌出现评价参建方的恶词怪语，就事论事，实事求是。一般情况下，当主审与项目经理完成终稿后，应再提交主管负责领导来最终审定，这名审定领导熟悉项目过程，在其中曾负责处理过与业主间来往关系，对公司后续发展前景有所把持，可以从公司角度来审定总结报告内容。

严格编审程序应该为项目管理公司制度要求，避免放任项目经理独立完成报告或因为管理环节缺失导致质量不高的工作总结报告出现，特别是向业主提交的报告，尤其要注意避免"投诉"风险。

四、改进提高建议

在这方面，提出两点零散的想法如下。

一是谈几个"不"字。首先想到的是，不提倡所有的项目管理都需要写项目管理总结报告。或因为项目业主并没有提出这个需求，或项目建设仅列入公司的C类控制，重要性不足。当然对于公司全局来说，同时开展了不少项目，也不可能或没必要要求每个项目都写总结。其次是，不一定非指定由项目经理来负责编写项目管理工作总结，由年轻的项目副经理、现场工程师来组织编写也是一种趋势，更有利于年轻人进步，但这种"义务"转移的情况仍应由项目经理承担责任，要审查并签字等；再就是，不一定所有职能工程师都去参与编写工作总结，因为有些文字功底比较好的职能工程师只要有相关内容的素材是可以代他人完成编写的。此处讲的几个"不"字也是对以上有关表述内容的补充。

二是谈一些基本技能方面的问题。先是，编写总结前要找一个模板参照的问题。应该说项目管理过程基本相同，历经立项、设计、招投标、施工、竣工的几个主要阶段，一般的建设管理程序完全相通类似，就管理公司提供的咨询服务组合或有多有少而组合在一块（如监理、招标代理、造价咨询等），因而也基本相同。找到一个模板，可以省不少事，提高编写效率；其次是，工作总结性的文章多以陈述为主，讲究在记录基础上整合而成，因此适当采用图、表进行编写应该会起到简明清晰的效果，如招标情况统计、合同签订及款项支付统计、质量验收情况等，就竣工资料、前期办理手续等很适用于表格统计，但因统计记录很长直接列入文后附件为宜；再者，对建议及问题要追求共同认识，尽量不要按个别人的理解去编写几条来应付总结中的关键内容，需要表述属于项目团队的共同认识，有利于今后公司管理工作的提高，产生有一定社会影响力，能引起业主或同行的共鸣。项目管理是一次性的任务，因此总结报告还应该侧重就约束条件下实现项目目标并有个总体态度，对质量、进度、投资完成情况要进行一定的分析，这样才能真正体现总结报告的意义。总之，编写报告应简明扼要，有重点和侧重面。

在项目管理推进发展中，要提倡经验共享，管理单位是锻炼人才的大熔炉，项目经理、副经理还有更多工程师实际上在一个项目上共同工作，经历一年甚至几年的磨合，很有感情，一份好的项目管理总结报告反映了项目的成功，也能反映团队的精神面貌，公司的业绩，有利于管理经验的不断积累及管理水平提升。希望更多同行重视项目管理工作总结报告的编写。

基于GPMIS信息系统创新项目管理模式

江苏建科建设监理有限公司　徐亦陈　毛淑欣

摘　要： 我公司为了适应建筑业信息化发展趋势，与时俱进，建立了GPMIS信息系统，该系统实现了工程项目管理工作的信息化、标准化、规范化，推动了监理项目管理业务模式的创新，提升了企业的核心竞争力，拓展了工程咨询的业务领域。

关键词： GPMIS　信息系统　项目管理

我公司从 2001 年试点项目管理业务以来，迄今已完成了 40 多项各种类型的工业与民用建筑项目管理工作，包括医院、酒店、学校、办公楼、影视城、园林、住宅、厂房、商业综合体，等等。随着我国工程建设领域市场化程度的进一步发展，建设工程咨询业务的市场竞争日益激烈。当今建筑业信息化技术日新月异，为在愈加严峻的市场竞争中更好地发展项目管理和建设监理等工程咨询业务，我公司融合以往项目管理和监理工作经验及信息化手段，研发的 General PMIS 监理项目管理信息系统（简称GPMIS），推动了项目管理工作的信息化、标准化、规范化，创新了项目管理业务模式，提升了企业核心竞争力。

一、GPMIS 信息系统的特点

GPMIS 信息系统凝聚了公司多年项目管理经验，融会了当今国际最先进的项目管理思想，应用互联网、云平台及大数据技术，结合中国工程监理与项目管理实际情况和建设监理行业的特点，成功推动了工程咨询业务从传统管理方式向网络信息化管理的升级，如图 1 所示。

GPMIS 信息系统具有以下特点：

1. 一体化

企业信息与项目信息通过信息化平台收集、汇总、分析，解决信息传递不对称、不及时、数据不容易汇总分析的问题。

2. 标准化

应用互联网技术，实现企业监理项目管理要求的统一。

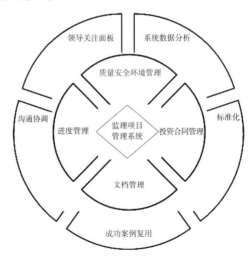

图1　GPMIS信息系统的基本思想

3. 可视化

应用计算机图形学和图像处理技术，实现图表、数据、影像、文档等信息交互传递与处理。

4. 可扩展

通过系统接口可方便地与企业业务系统集成，并可实现与勘察设计单位、施工单位、建设单位等系统的信息互联互动。

5. 可复制

应用云平台技术，实现项目信息的快速获取、自动归类和归档资料的一键打包。

6. 协同共享

应用大数据技术，实现企业、项目、员工相互之间多层次、多维度的信息即时分享。

二、GPMIS 在项目管理工作中的应用

GPMIS 信息系统是经过我公司众多在监项目的实践应用，不断完善和发展，已经成为我公司实施项目管理业务的基础支撑设施。该系统在项目管理工作中的应用主要有如下几方面：

1. 项目管理职能的标准化

项目管理的职能包括设计管理、招标采购、质量控制、进度控制、投资控制、安全管理，等等。我公司收集、总结多年项目管理工作积淀形成的各类专项作业模板和报表格式，梳理和规范项目管理作业流程和各类项目管理工作文件，并将其纳入项目管理信息系统的职能管理模块中，实现项目管理流程的标准化、项目管理工作文件的规范化。

项目管理的各项工作在 GPMIS 中有对应的工作模板，包括了各项工作对应的工作指导、相关参考标准和文档，以及对该项工作的有关具体要求。项目管理人员在实施各项工作时，可实时查看该项工作的工作指导、成果标准、参考文档与模板、相关规范与法规等，实现了计算机辅助管理。不同类型的项目可以应用不同的项目或工作模板，从而规范工作执行流程以及工作成果的检验标准，提高项目管理工作的质量与效率。

图2 项目管理工作模板

在项目工作模板中对每项工作任务明确工作要点和作业指导，提供参考资料，在项目实际执行中指导项目人员按标准步骤开展工作，并反馈现场作业信息。

2. 项目管理数据积累

项目管理过程中既有需要统计分析的数据也有大量现场图片、他方资料等非结构化数据，系统在知识的积累及数据分析方面达到平衡，提供了关键数据结构化，辅证数据非结构化的思路，创新性通过与 office 文档的紧密结合，简化了结构化模板的创建，方便了实际用户的使用。既达到了关键信息的提醒汇总功能，又减轻了系统管理员及现场工作人员的工作量。

各项目在进展过程中的经验以结构化及非结构化的形式在知识管理中沉淀，从而实现企业项目管理经验和数据的知识积累，建立企业级的业务数据库，为快速复制成功的项目管理成果提供了便携的手段，为企业能力的快速提升提供了基础，为工程监理企业向项目管理和工程咨询领域的发展提供有力的支撑。

3. 文档收集归档

项目管理过程中的文档是重要的工作成果。保持项目管理资料收集、整理习惯不变化，通过 GPMIS 信息系统统一项目资料模板，使得项目资料标准化、系统化、规范化，一键归集功能更加方便竣工验收电子资料的整理，将工作分解到平时完成。

GPMIS 收集了国家及各省相关规范、图集的电子文档，并分门别类进行了整合，且提供云同步功能，方便最新规范、图集版本的更新，供项目管

图3（a） 项目管理标准化审批文件

图3（b） 相关法律法规同步文件

理人员随时灵活使用，减去了企业管理者为项目提供规范的各项成本开支。

另外，该系统具有云同步功能，能够定期补充同步与项目管理工作相关的各类法规、标准、规范、图集等参考资料供项目管理部查询学习。同时开放的系统架构允许用户自行增加企业内部的标准、制度、文件，从而形成可供项目机构实时查询的项目管理参考资料支持系统。

4. 沟通与协作

项目管理企业运行过程和项目管理实施过程中的沟通对象众多，信息交换量大，频率也高，因此一个统一的沟通协作平台来解决项目管理的沟通问题也是发挥信息系统作用的关键。GPMIS是项目日常沟通的协同平台，将项目现场工作人员与公司管理层及相关专家紧密联系起来，使现场问题可以得到及时的关注处理，并辅助日常办公、收发文、待办事宜、新闻、公告等协同工作，实现信息的实时共享，沟通的顺畅。

GPMIS以知识文档为纽带，将企业职能部门

图4 GPMIS移动客户端

管理、项目质量安全管理、项目合同与造价管理、项目进度计划管理、项目档案管理、项目成员的沟通管理等集成起来，实现了项目中的各业务之间的协同以及多项目间的事务协作。

另外，GPMIS新版本实现了移动客户端（支持IOS及Android系统）功能，将项目的信息、重要事件的提醒、现场工程的照片视频上传等功能集成到移动客户端，与项目管理人员的工作紧密结合，实现了随时随地的沟通协作。

5. 项目管理报表报告支持

GPMIS除了系统自带的视图、图表、报表外，还提供一个功能强大的企业级报表工具，可以基于业务的具体需求完全定制企业所需的各种分析报表（台账、图表等）。

6. 企业层面的协调平台

GPMIS信息系统通过统一的平台与中央数据库，集中管理与控制项目管理的沟通协调事务，作为个人的工作平台，可以方便快捷地掌握与用户个人有关的工作任务、流程待办事项、需审阅的文档、需处理的问题等，可以快速完成项目相关的工作，保证项目的顺利进行。

不同的使用者可以通过定制自己的仪表板来动态了解项目的信息，执行的状态以及待处理的工作等。

7. 企业级的多项目管理

项目管理企业通常是众多项目同时进行，GPMIS通过其多项目管理以及组合管理的能力，将信息归集、整理，依靠企业项目成功实践和知识

积累来保证企业和项目团队的快速成长，确保成功项目的有效复制，最大限度地发挥企业管理资源的作用，消除信息孤岛导致的低水平项目重复现象，从而迅速提高企业的项目管理成熟度及其竞争能力。

通过多项目、多单位、多层级的项目分解与控制，实现公司职能部门、分公司、项目部多项目计划的协同编制、分解、汇总、执行、跟踪、反馈、控制。动态地反映各地、各类、各单位项目/项目群的进展情况，使得公司管理者与项目机构之间能够快速、及时、动态地跟进项目监控和协调，从而真正实现跨组织、跨地区、跨部门的协同管理与控制，提高企业对建设监理项目/项目群的多项目管理与控制能力。灵活的多项目分解方式，真正实现多单位、多部门、跨地区的多项目管控。

项目分类文件数统计（按月汇总）

项目名称	思齐路以西地块商服楼	2014年											
WBS编号	分类名称	1月	2月	3月	4月	5月	6月	7月	8月	9月	10月	11月	12月
	分月汇总（每月不少于30份）	51	59	42	62	18	45	10	31	17	12	55	54
	形象进度（每月不少于2张）	6	11	5	10	7	0	0	22	8	5	7	0
A7.1.3.2	监理工程师通知单	16	3	7	5	3	5	3	3	3	3	2	4
A7.1.3.3	监理工程师暂停令	0	0	0	0	0	0	0	0	0	0	0	0
A7.1.3.4	监理工程师备忘录	1	0	0	0	0	0	0	0	0	0	0	0
A7.2.1	内部会议纪要（每月不少于1份）	0	6	0	4	2	1	2	0	0	0	0	10

图5　项目分类文件统计

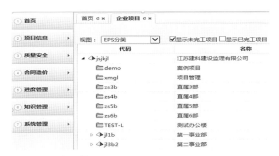

图6　项目多级管理

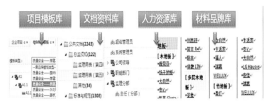

图7　文档管理体系

8. 企业级的文档与信息管理平台

GPMIS信息系统能够提供统一的文档管理体系与集中式存储，对企业日常运作和项目实施过程中产生的各类文档等非结构化内容的处理和维护，以及从文档的建立、审批、发布、修订、分发、归档到验收移交进行全生命周期管理。项目管理可采用系统提供的文件归档功能，根据统一设定的监理文档归档目录，将项目管理过程中形成的所有监理文档归并成电子档案，实现长期保存，并可离线检索查阅。

同时GPMIS也可提供多维的文档分类与灵活的检索方式。权限级别与目录两种授权机制保障文档安全的共享。该系统也支持office软件各类文档在线浏览和编辑，并完整记录文档的所有历史版本，实现文档的版本控制。

参考文献

[1] 骆汉宾.工程项目管理信息化[M]. 北京：中国建筑工业出版社，2011年.

[2] 涂小京. 建筑工程项目信息化集成管理技术及系统研究[D].武汉科技大学，2012.

[3] 任立东.信息技术在建设工程项目管理中的应用[D]. 西安建筑科技大学，2011.

[4] 陈志勋，熊国经.论工程项目管理的信息化与专业化创新[J].科技广场，2012.06.

[5] 孙昌庆，廖瑞华. 项目管理信息化平台助推企业管理提升[J].企业管理，2015.3.

BIM技术在变电站施工过程中的应用

广东创成建设监理咨询有限公司 李永忠 高来先 余林昌 侯铁铸

摘 要： 目前BIM技术在国内许多大型建筑已经得到应用，随着国家对BIM技术应用的进一步推广，电力工程引入BIM技术应用也将成为趋势。变电站工程具有综合管线复杂，电气设备多，安装调试难度大等特点，本文结合正在建设的变电站工程，在施工过程中应用BIM技术进行优化设计，对施工过程中的复杂施工工序进行动画模拟，并给施工人员进行技术和安全交底，对BIM技术在变电站工程施工过程中的应用落地进行了较为深刻的探索，并建立了电力工程族库及建模规则。

关键词： 变电站工程 BIM技术 深化设计 交底

引言

随着信息科技迅猛发展，各行各业都享受着高科技所带来的效率提升。BIM技术采用世界先进的三维数字技术，建立三维建筑信息模型，能够实现从项目规划到运维的全生命周期信息化管理，全过程数据共享，同时还可以对能耗、经济、进度等方面分析模拟，实现精细化施工管理。目前BIM技术在国内一些大型建筑已经有所应用，如国家体育馆、上海国际金融中心等。国家也已经认识到BIM技术对推动建筑产业现代化的重要意义，正大力推进BIM在国内的应用进程，2015年6月住建部发文《关于推进建筑信息模型应用的指导意见》，积极鼓励推进BIM技术在建筑领域的应用。目前国内BIM技术在电力工程中的应用案例不是很多，公司成立了BIM技术应用中心，开展BIM技术在电力工程中的应用实践，并根据实际情况选取三种模式进行应用，本文介绍的是其中一种，以正在建设的变电站工程施工过程开展应用工作。变电站工程具有综合管线复杂，电气设备多，安装难度大（特别是大型设备的吊装）等特点，本文从优化设计、对施工过程中高支模搭设这一复杂施工工序进行动画模拟、给施工人员进行GIS吊装技术和安全交底等方面应用BIM技术，对变电站工程施工过程给予指导。

一、建立变电站工程三维信息模型

在建变电站工程总用地面积约13000m²，总建筑面积9500m²，包括配电装置楼、巡检楼、消防水泵房。配电装置按全户内GIS布置方式，根据系统规模及电气布置，主变压器布置在配电装置楼南侧，主变构架设在主变防火墙顶，采用钢管支柱钢横梁结构形式，站内建（构）筑物及电气设备均按防火设计要求布置。

结合上述在建变电站工程实例，建立了变电站工程三维信息模型。建模软件选用的是目前市场上应用较为广泛的Autodesk Revit系列软件。该

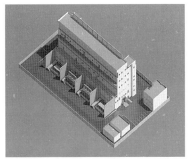

图1 整体展示

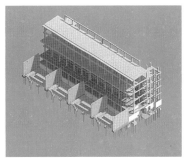

图2 结构模型

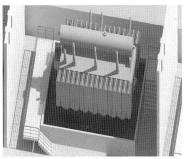

图3 主变压器模型（族）

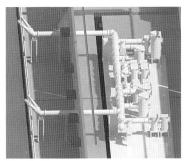

图4 GIS设备模型（族）

软件是 Autodesk 公司专为建筑信息模型而打造的，支持建筑、结构、机电等模型的建模，并且提供了与其他 BIM 分析软件的接口。

此变电站工程的三维信息模型，是以有效图纸（施工蓝图、变更修改图）为依据，建立了包括建筑、结构、机电专业的模型（图1~图4）。在建模工作准备阶段，首先对建模过程中将产生的所有文件的命名规则进行统一，包括文字、数字格式、字段描述方式、基本形式等。建模过程中，依据施工实际添加模型中桥架、管线等材质的信息，包括型号、尺寸、颜色等，让模型信息更加翔实，显示效果更加逼真。模型中所使用的族库包括系统族库以及自定义族库，后者需要使用 Revit 软件的建族功能创建。当系统族库不能满足建模的需求时，需要根据模型构件的实际外观信息来自定义新族，新族的信息包含了名称、类别、型号、尺寸及备注（确定族库的特殊使用方法）。

此变电站的三维信息模型达到了传统施工图和深化施工图纸的程度，能够满足施工协调过程中的碰撞模拟检查和施工进度可视化模拟，为现场的施工管理带来了方便。

二、变电站施工过程中 BIM 技术应用

在建立了变电站工程三维信息模型后，应用 BIM 技术对设计进行优化，解决了管线碰撞等"错漏碰缺"问题。结合实际施工过程中的危险点和重要工序，选择了两个施工工序进行了施工动画模拟，向现场施工人员利用动画形式进行安全、质量技术交底。

1. 优化设计

传统的二维图纸的可视性差，设计过程中容易出现与现场实际情况不符合，与其他专业设计相悖的情况，进而导致现场各专业之间因图纸协调不当而产生"错漏碰缺"的现象，众所周知，设计是按专业分工进行的，专业之间的协调衔接就成了软肋。一些跨专业碰撞冲突问题、空间高度上的交叉处理问题，靠人力审核各专业的平面二维图纸是很难发现的。大量的返工和设计变更不仅导致工程人力物力的浪费，而且耽误工程进度。

另一方面，图纸变更频繁一直是困扰着电力工程施工人员的一大问题，尽管每份施工图纸使用

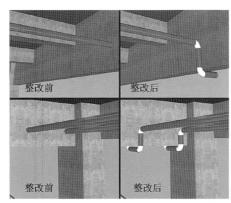

图5 消防管与梁碰撞问题

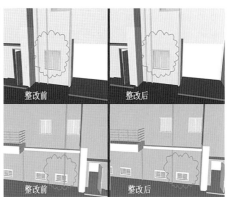

图6 外墙雨水管与窗碰撞

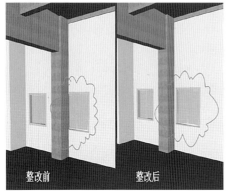

图7 窗与结构柱碰撞

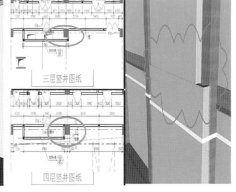

图8 配电楼三楼与四楼消防竖井尺寸误差

之前都经过了图纸会审，反复变更依然不断发生。施工时建好的东西砸掉重来，装修时凿断管道、电线，专业交接时发生交叉碰撞等问题几乎在每个工程都会发生。根据美国经济学家调查，建筑行业施工过程有25%~30%工作量是在做返工处理，造成了30%~60%的人力资源浪费。

利用BIM技术可以改善这种困境，BIM模型提供直观的三维工程形象，可以通过碰撞检查提早发现施工图纸不合理的设计并进行修改。而且BIM技术采用三维可视化的信息模型，能够利用软件在三维模型上直接进行碰撞检查，很好地解决这些碰撞冲突问题。通过BIM技术优化交叉碰撞，优化管线排布方案，预留管道孔洞，优化立面净空，直接保证了工程质量。

本变电站工程在建模过程中，通过软件的碰撞检查功能，检查出包括消防管道、雨水管道、窗、消防井等多个图纸错漏碰缺问题（图5~图8），导出碰撞检查问题报告，汇报碰撞情况，组织参建单位提出修改意见。由于各方思考角度不同，设计方注重的是设计是否合乎规范，而建设方则更关心运营使用情况，比如电缆桥架会不会拦住过道，电屏柜是否有预留出操作空间等，承包商多考虑施工是否方便，因此需要BIM工程师集成各方意见，在模型中进行调整，各方通过模型确认修改方案，BIM技术的应用优化了传统的设计流程，在施工前期已经预先将图纸的问题解决，直接避免了返工处理所造成的资源浪费，给工程带来了经济效益。

2. 高支模搭设复杂工序动画模拟

通过运用BIM三维技术，可对复杂工序和重要工序进行动画模拟，在施工前通过动画进行安全技术交底，可以清晰交代施工过程中的关键控制点和安全隐患，确保施工方案顺利实施。本变电站工程GIS室层高10m，根据相关规定，搭设高度5m

及以上即为高支模范畴，属于风险性较大的分部分项工程，高度超过 8m 的，其专项方案还需要经过专家论证。在施工过程中，高支模的搭设质量、安全管控显得尤为重要。针对此风险点，首先应用 PKPM 软件对支架搭设进行受力分析，得出搭设排布方案，再利用 BIM 技术对高支模搭设的过程进行了施工动画模拟。以梁底横向钢管计算为例，计算如下：

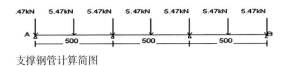

支撑钢管计算简图

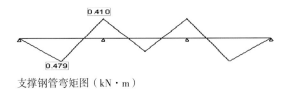

支撑钢管弯矩图（kN·m）

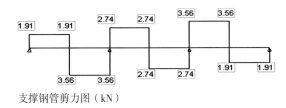

支撑钢管剪力图（kN）

纵向支撑钢管按照集中荷载作用下的连续梁计算，集中荷载 P 取横向支撑钢管传递力。

变形的计算按照规范要求采用静荷载标准值，受力图与计算结果如下：

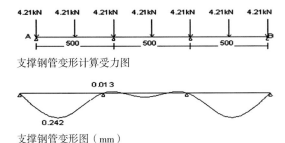

支撑钢管变形计算受力图

支撑钢管变形图（mm）

经过连续梁的计算得到：最大弯矩 M_{max}=0.479kN·m；最大变形 v_{max}=0.242mm；最大支座力 Q_{max}=11.763kN；抗弯计算强度 f=0.479×106/5080.0=94.24N/mm^2。支撑钢管的抗弯计算强

图9　高支模搭设模拟

度小于 205.0N/mm^2，满足要求；支撑钢管的最大挠度小于 500.0/150 与 10mm，满足要求。

用模拟动画进行现场技术交底，清晰展示了高支模搭设过程，对搭设顺序及关键部位的技术要求进行了直观展示，强化作业人员理解所需要施工的内容。图 10 对排架间距、步距、扫地杆高度及剪力撑倾斜角度等关键搭设要求进行了展示。施工人员参照三维模型，按模拟步骤施工，直观易懂，可大大降低安全风险。

3.GIS 吊装技术和安全交底

GIS 是变电站最为重要的装置设备之一，其价格昂贵，安装过程不容有失，吊装过程需加强安全风险管控。本文利用 BIM 模型分析软件 Navisworks，将模型导入制作模拟动画，模拟了 GIS 母线筒吊装过程。

结合模型动画进行安全技术交底，明确作业步骤，明确作业过程危害类型，明确吊装过程的管控措施，做好风险防控。GIS 吊装之前，需保证现场场地清洁，施工区域设置安全通道与防护围栏，吊装警示标志要清晰、明显，无关人员严禁停留或通过吊装区域。吊装人员进行吊装前必须进行安全交底，并办理好安全施工作业票，指挥和操作人员的分工要明确。吊装过程中需保持吊钩钢丝绳垂直不偏斜，严禁在设备未固定好之前松钩。吊索夹角最佳保持在 90° 以下，最大不得超过 120°，起

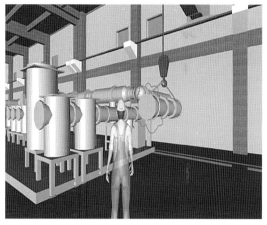 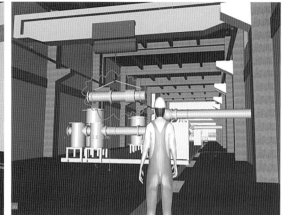

图10　GIS母线筒吊装施工模拟

重机吊臂最大仰角不得超过制造厂铭牌规定。

通过动画清晰、准确地展示 GIS 母线筒吊装的全过程，从吊装前行车设备的检查、设备的试吊，吊运过程中对指挥信号的严格遵循、速度的控制、开关的使用，到最后吊运到位后设备的安装都一目了然，对关键控制点在动画中高点显示，提升技术安全交底效果，使作业人员印象深刻。

三、结语

本变电站工程运用 BIM 技术建立了三维信息模型，对模型进行了碰撞检查，进而优化设计，对危险性较大的高支模搭设复杂工序进行了施工模拟，制作了动画对 GIS 母线筒吊装进行了技术安全交底。通过应用建筑信息模型，给工程人员带来直观的可视化三维效果，解决了多处交叉碰撞问题，使技术交底变得生动易懂，使现场施工管理精细化，对优化设计、组织施工、减少返工、现场管理等有显著的作用。

通过本变电站工程的三维建模和 BIM 技术应用，逐渐形成电力工程族库，并建立了建模标准及规则。

四、展望

随着 BIM 技术的推进，越来越多的企业开始应用这一技术，然而大多都还处于基于三维模型分析的初级应用阶段，并没有真正基于 BIM 平台展开全生命周期管理，没有发挥出 BIM 的最大价值。公司 BIM 技术应用中心根据实际情况，战略性的选择三种模式进行应用：第一种是本文基于正在建设的变电站工程施工过程 BIM 技术应用工作；第二种是基于相应软件平台，对单个变电站工程通过平台应用工作；第三种是基于工程管理信息系统的 BIM 技术应用工作。理想的应用情况是，参建各方均从工程管理信息系统上提取信息、贡献信息、交流信息，全面应用，这样才会使 BIM 技术发挥其应有的价值，但是还有很长的路要走。

参考文献

[1] 何关培.BIM总论[M]. 北京：中国建筑工业出版社，2011.

[2] 过俊.BIM在国内建筑全生命周期的典型应用[J]. 建筑技艺.2011.2.

[3] 季彤天,张斌,董蓓. BIM技术在上海容灾中心工程管理中的应用[J]. 上海电力.2011.5.

[4] 葛清.BIM技术应用丛书·BIM第一维度：项目不同阶段的BIM应用[M]. 北京：中国建筑工业出版社.2013.81-90.

[5] 葛文兰.BIM技术应用丛书·BIM第二维度：项目不同阶段的BIM应用[M]. 北京：中国建筑工业出版社.2011.140-170.

[6] 周宁骦.怎样提升深化设计能力[J]. 施工企业管理，2008（10）：88-90.

[7] 廖龙辉.基于BIM的施工进度—成本上下文信息模型研究[D]. 哈尔滨工业大学，2013.

[8] 杨东旭.基于BIM技术的施工可视化应用研究[D]. 华南理工大学，2013.

愿展青春做旌旗
——记优秀总监理工程师阚兴中

中国水利水电建设工程咨询北京有限公司　郝玉新

大美青海，蓝天白云下牛马成群。一座座水电站就像高原明珠，成就了太多人的梦想。羊曲水电站总监理工程师阚兴中，正带领着中国水利水电建设工程咨询北京有限公司羊曲监理部在高原书写无悔年华。他的梦想，散发灿烂光芒；他的行为，令人击节称赞。

心中有大爱，何惧征途难

事业的发展源于情怀和信念。回眸阚兴中在专业领域的求索和奋斗，他从学生时期便立志博学，那份未曾改变的执着令人感动。

在武汉水利电力大学的四年时间，他完全放弃了个人娱乐时间，埋身于书海，在教室、图书馆、实验室中奔波忙碌，取得了水利水电工程专业和电力系统及自动化专业双学士学位证书。参加工作后，他坚信学习展现才华，知识创造价值。

勤学、好学已经成为了阚兴中的习惯，在生活中始终如一。无论工作地点变迁，岗位变化，

他的行囊中塞满的永远是专业书籍和项目资料。高原缺氧、地方病威胁、技术管理业务难题长期不能与父母妻儿团聚，种种困难不一而足。可他始终坚守岗位，不断在工作中学习提高。有人看着阚兴中忙碌的状态，劝他休息，他总是说：多看看书是好事，时间就像闸口下的水，流得太快了。就是靠着这股与时间赛跑的精神去学习，阚兴中业务素质不断升级。他2005年考取了国家监理工程师执业资格证书，2006年考取了国家安全工程师执业资格证书，2007年通过了水利部总监理工程师培训、考核，取得了水利工程总监理工程师岗位证书。

自1999年毕业至今，阚兴中从监理员、监理工程师、副总监，一直成长为公司最年轻的大型水电工程总监理工程师。他从北京转战西藏高原，再到长江堤防，最后坚守在青藏高原。他是公司第一个主动要求去西藏工作的大学毕业生，从2000到2015年在青海高原地区连续工作16年的监理工程师，是公司在青藏高原地区工作时间最长的副总监理工程师、总监理工程师。问及这些年他曾经参与监理的项目，哪处印象最深刻，他笑着说很难回答。但公司领导们都记得，他从未向公司反映过个人和家庭困难，即使刚结婚的时候、妻子怀孕的时候、孩子上小学和升初中选择学校的时候，都从未有过一点怨言。参加工作至今，他从未要求过调离监理工作岗位。跟他一起分配到公司以及在他之后分配到公司的10多名大学生，有的调离了公司，有的调到了设计工作岗位，现在仅剩他一个人还在公司从事监理工作了。他经受住了一次次考验和诱

惑，做到了矢志不渝。作为公司新一代总监的典范，他的成长经历激励着很多年轻的监理人员心怀梦想，自强不息。

时光如逝水，实践涌波澜

阚兴中 1999 年开始从事监理工作，至今已到第 17 个年头了。路程看似平常，而每一处足迹都浸润着阚兴中的汗水。

2001 年 4 月至 2005 年 9 月，阚兴中参加青海公伯峡水电站引水发电工程全过程施工监理工作，电站位于青藏高原海拔 2010m 的黄河干流上，青海省循化县与化隆县交界处，是国家十一五规划重点大型工程，西电东送启动项目。阚兴中在项目工作 5 年，每年在工地的时间超过 300 天。他是总监的得力助手，协助总监带领监理部取得了骄人的监理工作成效。质量方面，单元工程优良率均在 90% 以上，尤其是厂房混凝土工程，内实外光，外观质量达到了清水墙不装修的标准；进度方面，克服了截流推迟使厂房工期推迟半年的影响，实现了 1 号机提前半年发电的目标；投资控制方面，向业主提出并获采纳合理化建议 16 项，共计节约投资约 1000 万元；安全文明施工方面，在历次业主组织的安全文明施工考核中均名列前茅，引水发电工程的厂房混凝土质量和安全文明施工水平获得了上级专家、领导的一致肯定，达到了国内同期水电建设工程的先进水平。工程荣获了中国电力工程优秀设计奖、青海省江河源杯奖、青海省科

技进步一等奖、青海省环境友好工程奖、中国电力优质工程奖、国家环境友好工程奖、中国建筑工程鲁班奖、中国土木工程詹天佑奖、国家优质工程金奖，并入选了新中国成立 60 周年百项经典暨精品工程。阚兴中对该工程建设做出了突出的贡献。

如今，阚兴中参加青海羊曲水电站右岸土建工程、左岸导流洞及泄洪洞工程施工监理工作，任总监理工程师。他深切地感受到，监理部的工作要实现本工程项目建设四控制、两管理、一协调的总体要求，要保持公司在黄河上游水电开发公司的监理单位的信誉，要为公司取得良好的经济效益和社会效益，要提升监理部所有成员的综合素质，只有踏踏实实地带领大家努力工作，才能不辱职责使命。他全心全意对公司负责，为业主单位服务，帮助施工单位开展工程建设，协调参建单位间的关系。他主持参与投标、签订合同、组建监理部、编制内部管理文件、外部协调等方方面面的工作，丝毫不敢懈怠。作为一名优秀的总监，他超前规划，严密管理，不辞劳苦，这种一贯的风格已经成为了阚兴中工作和为人的标签。

思考蕴光华，科研助发展

真知灼见源于思考实践。阚兴中将水利水电工程专业、电力系统及自动化专业知识与岗位实践紧密结合，形成了一批极具指导性的科研成果。很多青年技术人员向他请教科研的诀窍，他总是谦虚地说，没诀窍，就是要用心。坚持问题导向，源于日常积累，注重实际效果。熟悉阚兴中的人都晓得，平时他在写好监理日志的基础上，还要结合项目技术重点，撰写个人工作日记。这个习惯已经坚持了很多年。这些关于工作经验和思考的日记有上百本，已经可以装成几大箱了。同时，他对工作中涉及的监理规划、监理实施细则、监理工作程序，监理合同等文件，全部亲自上手，仔细审阅，对每个项目的技术要点全部熟稔于心。而针对其中的关键内容，他经常与领导、同事交

流，不仅仅解决了一批实际问题，而且提高了自身科研水平。

他独立或主笔编写安全专项监理管理制度34项，编制专项安全检查表格18种，完善了监理安全文件体系；负责编制、整理的监理安全管理体系在中国电力投资集团公司组织的积石峡水电站2006年安全评估工作中获第一名。同时，阚兴中参与研究的积石峡导流洞、中孔泄洪洞交叉段施工措施在安全、质量、工期、经济等方面都取得了很好的效果。该项技术措施已获得了中国电力投资集团公司科技进步奖。为了减小混凝土和灌浆施工的相互干扰，加快进度，他参与研究了无盖重固结灌浆施工措施，在质量、工期、经济等方面均取得了很好的效果，目前该项技术措施已获得了中国电力投资集团公司科技进步奖。

荣誉放身后，作则在一线

自1999年7月参加工作以来，阚兴中绝大部分时间是在青藏高原等艰苦地区度过的。如果说高原艰苦的环境提高了工作难度，那么他顽强的作风就像高原上一株株的乔木，迎风吐绿，英勇顽强。阚兴中成为公司最年轻获得鲁班奖工程的监理人，2003、2004年被黄河上游水电开发有限责任公司评为优秀监理工程师；2006年被评为北京市优秀监理工程师、北京院五四青年；2007年被评为鲁班奖工程（公伯峡水电站）总监理工程师、北京市2007年度建设监理行业优秀总监理工程师、北京院青年岗位能手；2008年被评为中国建设监理创新发展20年优秀监理工程师、北京市优秀总监理工程师；2009年被评为北京院优秀员工；2010年被评为北京院青年岗位能手之奉献能手；2012年被评为北京市2010～2011年度建设监理行业优秀总监理工程师；2013年被评为黄河上游水电开发有限公司安全生产先进个人、北京院优秀员工；2014年他担任总监的羊曲监理部荣获北京院2014年度安全生产先进班组。

荣誉属于过去，实干成就辉煌

阚兴中深深懂得，躺在功劳簿上吃老本的人是"矮子"，只有脚踏实地走在一线才能擎住肩头的责任。忠孝不能两全，当他把工作放在首位的同时，家人给予了百分百理解，总是记下他的爱心。老父亲的牙齿不好，他会利用假期，带父亲去北京最好的医院；老母亲听力不佳，他就不远千里，亲自送去助听器。家中琐事全由妻子打理，他休假时主动承担家务，竭力弥补。受哥哥影响，贪玩的妹妹重拾学业，成为家里第二个大学生。因为有爱，所以温暖。家人的支持更平添了阚兴中工作的热情。施工现场，他严肃认真，精益求精，不怕困难，服务大局的优良作风，得到了领导和同事们的好评。

如今，四十岁的阚兴中年富力强。17年的监理工作，承载了他情驻水电事业的青春梦想。山水纵横，情怀依旧。他太多的思想和实践用文字无法全部叙述。但当我们看到高原上那些气势宏伟的水电站，瞬间就能理解他的逐梦之路，旌旗猎猎，精彩非常。

态度决定一切　细节决定成败
——二滩建设用"三严三实"创建机电安装精品工程

四川二滩建设咨询有限公司　春洪浩　武选正

四川二滩建设咨询有限公司（以下简称二滩建设）成立于 2002 年 10 月，在职员工 350 余人、注册资金 3000 万元。监理的机电安装项目包括：龙滩、冶勒、官地、锦屏一级、大岗山、亭子口、龙开口、桐子林等十多个水电站，累计装机容量超过 22000MW。其中，二滩水电站 6 台 550MW 混流式水轮发电机组是 20 世纪国内最大单机容量混流式水轮发电机组和总容量电站，广西龙滩水电站 7 台 700MW 水轮发电机组是当时世界最大单机容量的空冷式水轮发电机组。监理的机型包括：国电大渡河大岗山水电站单机容量 650MW 混流式水轮发电机组，雅砻江桐子林水电站单机容量 150MW 轴流转桨式水轮发电机组，冶勒水电站单机 120MW 冲击式机组，沙坪单机 58MW 灯泡贯流式水轮发电机组等。

自己多年从事机电安装监理工作的体会是：态度决定一切、细节决定成败。首先每个从事机电安装监理工作的监理人员的工作态度很重要，大家要做就一定要做最好，我的体会是有马马虎虎态度的监理工程师是永远做不好机电安装监理工作的；二是要求每个监理工程师都十分注重机电安装的每个环节、每个细节和每个零配件等，我的经验是有大大咧咧作风的监理工程师是永远做不出精品工程和优质工程的。

借此机会，想与大家交流机电安装工程达标投产和创建精品工程对监理工作的要求：用"三严三实"要求每个监理工程师的监理工作，用"三严三实"监督、指导施工单位的机电安装工作。

一、做机电安装监理工作要"严字"当头，因为态度决定一切。

（一）要严以修身

监理工程师，严修身重品行、勤修身守诚信是自己的立身之本。思想上始终持续一份清醒，行动上始终恪守一份理智，通过学习来培养、滋养每个监理工程师正确的人生观和世界观。

二滩建设所属监理部从组建之日起就将政治素质学习与教育列为重要课程之一，充分意识到监理工程师这一职业在社会上被称为高危行业隐藏的含义，这更加说明了严以修身的重要性，学习中加强反对和抵制个人主义、自由主义、拜金主义、享乐主义，坚决杜绝"吃、拿、卡、要"等现象，促使每个监理工程师都能静下心来认真开始每一天的监理工作。

（二）要严以用权

根据国家有关法规、行业规范及其监理合同相关约定，监理工程师必须维护国家的利益，维护公司的信誉，遵循"守法、诚信、公正、科学"的准则，监理工程师要加强对权利的使用和自我约束管理。

监理工程师对权利的使用，旨在以法规为刻度，做到心正权正，法无授权不可为。监理工程师对权利使用，直接关系到工程建设、业主单位和承包人的切身合法利益，责任重大。就拿业主委托采购材料和设备来说，作为监理工程师在履行工作职责时，要严格按照合同约定进行采购合同评审。首先对采购供货商资质审核，调查社会信誉度，考察其产品在行业中的使用口碑和评价；进行市场调查了解市场相关产品价格信息，通过评估产品质量、信誉、价格，货比三家确定最优供货商。监理工程师非常清楚对合同评审权利的使用将影响业主单位对供货商的最终确定，只有遵循公正的原则，自觉地严格规范使用合同约定的权利，严以用权，心有所畏，以如履薄冰谨慎的工作方法履行监理工程师的职责，维护发包人和承包人的共同权益，取得充分信任和满意评价。

（三）要严于律己

清正廉洁是监理工程师职业的基本要求和基本职业道德，也是监理工程师核心价值观的重要体现。监理工程师在工程建设中对工程进度、质量、安全环保、造价控制等方面赋有重大权力和责任，严于律己方能维护监理工程师的自身威信，方能取得发包人和承包人的共同信任。其身正，不令而行；其身不正，虽令不行。

2012 年 8 月 30 日，锦屏水电站群发性地质灾害造成施工区道路、隧洞、桥梁受到严重破坏，交通、通信、电力全部中断。在危难之际，我们的机电监理工程师在第一时间赶到现场，配合保险公司如实记录统计受损数据，保留影像资料 600 余张。在保险人和被保险人巨大的利益关切和诉求落差面前，监理工程师严于律己，严格执行二滩建设廉洁从业的管理制度，慎独慎微不偏不倚，组织专项技术方案讨论会 7 次，参加保险理赔专题会议 5 次，审核批复抢险恢复专项技术方案 11 项，签证保险理赔专项工程量计量单 573 份，以监理工程师名义提供大量、真实和令人信服的数据和证据，取得保险人和被保险人的信任。监理工程师在保险理赔工作中对权利的恰当使用，为保险理赔顺利结案发挥了应有的作用。

二、做机电安装监理工作要"实实在在"，因为细节决定成败。

（一）谋划要实

良好的开端是成功的一半。开工之初，大家要踏踏实实、认认真真谋划好如何实现达标投产和创建精品工程。具体做法为：

1. 建立高效组织机构，明确各级人员责任与权力，合理配置人力资源，系统制定管理制度。

我们对项目实行总监理工程师负责制，总监负责整个工程的规划、组织和指导。通常情况下，监理部内部组织机构设置为"一室四部"，即总监办公室、技术质量部、计划合同部、安全环保部和现场监理部等。必要时，可根据工程需要设置专家组或专家委员会。

监理人员配置要按照年龄上"老中青"、职称上"高中助"、专业上"机电辅"来配置决策层、执行层和操作层，以保证监理队伍和监理工作作风的团结、高效和有战斗力。

二滩建设为机电安装监理制定了标准化作业手册，包含监理规章制度、监理细则、监理用表格和监理工作程序等。

2. 精心策划重点项目的实施方案

在大岗山、龙开口和桐子林等项目的监理实践中，实施前，我们都组织专业监理工程师精心编制《机电监理安装工程达标创优实施细则》、《水电站安装工程绿色施工计划》等策划，并由专家组进行严格审查、指导修改和最终审定，还参与制订了《机电安装工程标准化手册》和《机电安装工程标准化施工二次设计方案》。这些工作明确了达标投产准备和实施阶段的任务，规定了完成时限，使工作更为具体，更具指导性。如"机电专业达标投产、工程创优策划会"、"达标投产调研考察"、"桥架／电缆／管路／封堵等细部优化方案"等项目，具体到对班组、施工人员进行作业指导，具有较强的可执行性，对达标投产和工程创优进行实实在在的谋略和策划。

（二）干事要实

监理要把实干事、敢干事、善干事、干成事作为自己的核心理念。在监理过程中做到：

1. 认真履行"四控制两管理一协调"职责，重点强化责任落实和敢于担当意识。

"四控制两管理一协调"是监理工程师工作职

责，在实现工程达标投产和创建精品工程的工作中，重点强化每个专业监理工程师职责管理，关系到实现工程达标投产和创建精品工程成败与否。监理工程师重点应采取以下监控措施。

（1）加强对承包商质量管理体系运行情况的检查

针对承包商质量管理体系中"三检制"容易出现问题，经常发生施工班组进行检查后，就直接要求厂家技术人员和监理工程师进行检查验收的现象，其后果就是承包商在部分工序上放弃了自己的质量管理和保证措施，加大了质量风险和监理的无效工作量。针对问题，机电监理一方面要求施工单位必须完善"三检制"，及时提供"三检制"签字验收单，否则拒绝验收；另一方面，为了满足现场具体情况和进度要求，部分工序的验收由监理工程师、厂家技术人员、施工单位质检部人员同时进行。

（2）定期或不定期进行质量、安全、文明施工检查

由总监理工程师带队，各专业主要监理工程师参加，对安装的实体质量、材料堆放、标识齐全、施工用电规范、临时脚手架搭设、起重吊装包括所有电气、机械盘柜是否有残留的细微电缆芯线等异物以及内外部有无灰尘等进行检查，不同的记号笔做上标识。对每次检查出来的问题，列出清单，落实责任人，提出整改时间，逐项整改完成，逐项责任人签字确认。

（3）善于总结、持续改进

监理部应在半年、重要工序完成、节点目标完成等各时段，主持召开质量和管理总结会，会上邀请参建各方人员参加，对已完成的工作进行总结，对暴露出的不足进行分析，对下一步工作需要注意的地方提出要求。总结监理工作的经验与教训，对施工过程中采用的科学管理思路和先进施工工法进行推广，对过程控制的不足之处进行原因分析，并针对后续同类工序制定改进措施。

2.勇于面对矛盾，善于解决问题

在大岗山水电站电缆桥架和电缆敷设施工中，监理工程师建议电缆桥架布设、规划方案完毕后，设计会同桥架生产厂家，针对转弯、分支、弧形布置段及主桥架至设备处（如桥架至风机、防火阀、水泵、自动化元器件等）等部位进行二次细化设计，在保证功能性的前提下，有效提高施工的便利性、布置的统一性和美观性。设计院就高压和动力电缆敷设进行了详细规划和设计，考虑了桥架内电缆的分流和运行安全问题，给出了具体的敷设路径或路线表。

官地水电站机电设备安装工程主机设备安装开始前，监理工程师在熟悉上导、下导及水导轴承图纸的过程中，发现下导轴承盖与轴颈间隙基本持平，当机组启动后，下导轴承盖可能与下导轴颈产生摩擦，导致不良后果。机电监理以正式文函告知业主并提出了合理的处理建议。哈尔滨电机厂设计部根据机电监理的建议，对下导轴承盖与下导轴颈间隙做出了调整，出具厂家修改通知单，为机组盘车质量控制奠定了良好的基础。

龙开口水电站机电合同承包商对合同中的电站开关站与500kV输电线路连接工作提出异议，认为不属于其合同工作内容。经监理部分析研究，认识到其连接工作不属于输电线路合同范围是肯定的，承包商变更依据是施工设计图纸上的设计说明，其根本原因是该项工作安全风险大、施工难度大、投标报价偏低等。监理部在充分听取双方意见后，经过分析研究和反复协商，拿出了监理意见，不仅当事双方都表示理解和接受，而且也得到了业主的支持。

监理工程师通过践行实干事、敢干事、善干事、干成事的核心理念，面对矛盾困难敢于迎难而

上，面对危机风险敢于挺身而出，面对失误挫折敢于承担责任，对工程达标投产和创建精品工程发挥了重要作用。

（三）做人要实

做人要实，尊的是态度，行的是尺度。作为一名合格监理工程师要做团结同志、懂得工作方法的老实人；做工作能力过硬、敢闯敢干的老实人；做一个素质优良、勤勉敬业的老实人，这样才能把我们所热爱和从事的监理职业做好。通过对监理工程师进行的作风建设和素质教育。我们将做老实人、说老实话、办老实事的人格品行，贯注在我们的工程建设达标投产和创建精品工程工作当中，取得了良好成果。

三、做机电安装监理工作，要有一个好的企业文化、好的工作氛围

在我们的监理工作中，我们十分注重企业文化建设和营造好的工作氛围。具体做法包括：

制定各层次的学习培训方案和考核制度，不断拓宽和提升监理工程师知识面，熟练掌握监理工程师的基本执业技能，不断提升监理人员的综合素质和知识水平，营造良好的学习氛围，促使监理人员积极主动的学习和掌握新知识、新技术，并自觉地落实到监理工作中去，提高监理工程师发现问题和解决的能力。

从公司层面鼓励监理工程师积极参加各类职业资格证书的考试，并制定相关奖励政策。比如2012年官地和桐子林两个机电项目部组织所有年轻人参加造价员考试，共16人参加考试，11人通过考试。锦屏机电项目部年轻人积极参加全国各类注册考试，大部分人分别取得了一级建造师、监理工程师、二级建造师等资格证书。

加强企业文化建设，提高员工身心健康发展。在节假日期间，积极组织员工开展摄影、书法、写作等文化活动，开展篮球、足球、羽毛球等体育竞技活动，在推进员工身心健康发展的同时，加强项目的凝聚力。

在今后的监理工作中，我们要继续以"三严三实"专题教育推动领导班子建设和员工队伍建设，团结和带领全体员工以踏石留痕的狠劲、滴水穿石的韧劲，用良好的精神状态和有效的工作实绩推动各项工作的顺利完成。相信在业主单位的正确领导下，在参建各方的帮助和支持下，我们的机电安装监理工作一定会取得新的更大的进步。

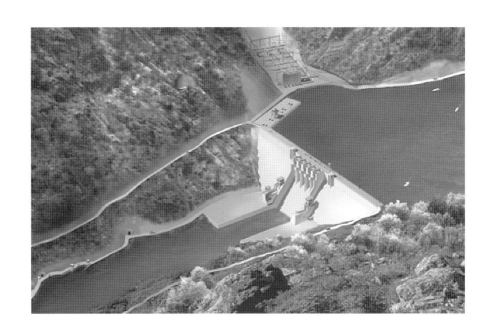

用精细化管理，创建齐鲁监理品牌

山东齐鲁石化工程有限公司

摘　要：本文通过介绍公司在特大型石化装置专业化监理的做法，以及在监理装备方面所做的投入和项目监理工作手册的编制、实施，阐述了公司如何推行精细化管理，提升工程项目整体管理水平和监理服务质量。

山东齐鲁石化工程有限公司（简称 QPEC），成立于 1978 年，是中国建设监理协会理事单位，是一家集工程设计、监理、咨询、工程总承包于一体的综合型工程公司，国家级高新技术企业。现有员工 500 余人，其中高级职称 96 人，国家注册监理工程师 93 人，石化行业注册监理工程师 23 人，注册安全工程师 22 人。1992 年，公司承担了国家重点建设项目——茂名 30 万 t 乙烯厂区内工程建设监理，首开我国大型石化项目建设监理的先河。建设部、中国石化集团公司、广东省人民政府于 1998 年 1 月联合行文《茂名三十万吨乙烯工程建设监理经验总结》报国务院，监理经验在国内得到推广。公司开展监理业务 20 年来，始终坚持"守法、诚信、公正、科学"的宗旨，靠良好的信誉和过硬的实力树立了"齐鲁监理"的品牌，提高了市场占有率，取得了良好的社会效益和经济效益。公司曾获得"八五"期间全国工程建设管理先进单位称号，3 次荣获全国建设监理先进单位称号，2008 年荣获中国建设监理创新发展 20 年工程监理先进企业，多次获得中国石化先进建设监理单位称号。

一、狠抓精细化管理，做好特大型石化装置的专业化监理

利用管理和技术优势，先后承揽、完成工程监理业务 200 余项。在大型石油化工生产装置建设，特别是特大型乙烯装置的监理领域形成公司自己独特的管理技术和特色，市场占有率达到 75% 左右。先后完成了中石化、齐鲁石化 72 万 t 乙烯改造工程、上海赛科 90 万 t/ 年乙烯装置、中石化茂名石化 100 万 t/ 年乙烯改扩建、中石化天津石化 100 万 t/ 年乙烯、中石油独山子 100 万 t/ 年乙烯、中石化镇海炼化 100 万 t/ 年乙烯、武汉 100 万 t/ 年乙烯装置和中石油抚顺石化 80 万 t/ 年乙烯装置的建设。

在大型乙烯装置的监理过程中，公司针对装置规模大，大型设备多，工艺管线管径大，特殊材

质多等特点，对关键设备和主要工序都编制了详细的监理作业文件，编写完成了《乙烯工程乙烯装置施工管理程序》，管理程序对乙烯项目的工作范围和内容、各阶段管理职责的划分及项目实施各阶段各项工作的协调程序提出了明确的要求，并制定了《施工现场管理规定》、《施工分承包方人员资格审查管理规定》、《工程设备、材料报验制度》、《工程材料分配管理规定》、《标识管理规定》、《文档管理规定》等23项项目管理制度，形成了完整的项目管理协调文件体系，使项目部的各项管理有章可依，全面形成了公司乙烯项目的项目管理文件体系。

工程项目设备、材料的质量是工程项目质量的基础，乙烯装置大型设备多，特殊材质的材料多，控制好这些设备材料的质量，对装置的建设至关重要，公司主要采取了以下措施：

1. 加强设备材料发放控制

第一，根据工程的实际情况，在理清总包、施工、施工管理、业主等各相关单位工作关系的基础上，制定了《材料控制管理程序》，明确了各单位之间的工作接口与工作流程，并确定了项目部的材料控制组织机构及人员，明确了各专业工程师、材料控制与管理人员、费用控制人员对材料控制的责任，为全面完成材料控制任务打下了基础。

第二，项目部积极采用新的网络技术进行材料管理，提高工作效率。公司项目部采用CONVERO系统进行材料的管理与控制。基本做到了及时准确、数据可靠，使乙烯装置的材料控制与管理水平较之国内其他项目有了长足的进步。

第三，加强对材料需求计划的控制。根据最

新版本的图纸，及时做好材料台账，督促施工承包商根据单线图认真做好材料申请，并逐一核对，以确保每一批材料审批的准确可靠。另外，针对配管材料数量多、品种复杂的具体情况，项目部专业工程师以单线图为依据，认真审核材料发放计划，做到每一个单线图、每一个管件审批及时，保证了配管工作的开展。

第四，加强对材料出库的管理。材料工程师针对每一个材料出库申请单，与材料预算以及库存信息进行认真的核对，无误后再批准发放，以确保材料发放的准确、完善。

第五，加强对溢、损、短、缺的控制和管理。项目部专业工程师专门建立了材料溢、损、短、缺数据库系统，对库存、实际发料情况及溢、损、短、缺情况进行全面的汇总统计，保证了对每一种材料领用量、设计量和实际使用量的有效控制，为全面完成项目目标打下了基础。

2. 加强材料信息管理

在材料控制中，材料信息的传递及时准确非常重要。为做好材料控制，更好地服务于项目管理，项目部与业主、承包商进行了积极的沟通，使重要设备信息及时传递到相关工程师，并使施工承包商做好卸车接货的准备，项目部将每天早上例会上通报设备到货信息规定为一项制度。材料工程师积极跟踪订货及制造信息，使材料与现场进度做到紧密结合，另外为保证材料信息的及时有效沟通，项目部还组织召开每周一次由业主采购部及各施工承包商采购供应人员参加的材料协调会，全面协调物资采购方面的问题，互通信息，以保证材料供应满足工程建设需要。

3. 加强事前控制

首先，根据项目工程进度计划的要求，项目部及时提出材料需求计划，将现场材料需求时间及时通报业主与承包商，以便采购供应部门能够适时采购，按时到货。其次，对于材料的采购订货量，项目部根据施工图设计和施工承包商的需求计划确定现场实际需求量，与承包商的采购订货量进行比较，及时发现订货数量的不足，以便承包商及时采取相应的措施，避免因材料短缺给项目施工进度造成的影响。

4.加强材料质量控制

首先，在项目开工之初即制定了《进场设备材料报验程序》，对所有进场的设备材料，施工承包商必须严格按规范和业主有关规定进行抽检和自检，合格后报专业监理工程师进行复检，监理工程师在复检过程中对设备材料的质量有怀疑时，可以委托第三方进行抽检，合格的同意使用，不合格的退回供货商进行处理。

其次，在施工过程中，对于施工承包商发现的材料设备质量问题，及时通过工程联络，单要求承包商进行处理，承包商必须按有关规范的要求认真进行处理，并将处理情况和最终的检验试验报告，以及承包商对该批材料处理以后的自检结论，一并交施工承包商自检，合格后，报监理单位进行审查，以确保处理后的材料符合设计和规范要求。

第三，提高设备材料质量控制的科学性。设备材料的质量关系到整个装置的安、稳、长、满、优运行，关系到整个装置的整体质量水平，必须严格控制。但是，如果监理工程师认准了没有按规定要求到货的设备材料就不能施工这一条坚决不放，将会对项目的进度造成极大的影响，为此，作为监理单位当遇到上述问题时，应该充分利用自己的知识和经验，通过科学的手段进行解决上述问题，以满足工程进度的实际需要。例如在某乙烯装置配管施工的紧张时期，一部分由供应商采购的合金钢管线由于缺少质量保证资料，无法办理入库和发放使用，为此我们和业主确定现场对该部分材料委托检测单位进行试验检测，合格后马上使用于工程，避免了材料质量检验对工程进度的影响。

第四，加强对材料、设备安装完成后的质量检查与控制。由于乙烯装置设备材料的材质复杂，材料种类繁多，一旦施工过程中出现错用或混用将给以后的生产留下重大的质量隐患，且国内乙烯建设过程中出现的一些问题，也在时刻提醒着我们必须加强上述管理。为此，一方面我们强化了设备材料的可追溯性管理，制定了《材料可追溯管理规

定》发放施工承包商执行，并认真进行检查，最大限度的减少材料的错用或混用；另一方面，在设备材料安装完成或试压前的条件确认过程中，对所有合金钢、低温钢设备及其附件、管道材料及其附件全部委托第三方进行了定量光谱分析。

5.加强不符合项(NCR)管理

第一，公司确定了内部NCR管理程序，明确了公司内部各岗位对NCR的提出、审核及接收、登记、处置、检查、报告等各环节的管理责任和要求，使得NCR管理分工明确，责任具体，保证了NCR的及时处理。

第二，为保证各承包商NCR的处置能得到有效控制，项目部还专门设立了专职的NCR管理人员，具体负责对NCR处置情况的检查和落实，并组织召开NCR跟踪处理专题会议，对各承包单位NCR的处理情况进行检查，对不符合要求的及时反映到每天的综合协调会上予以解决。

综上所述，设备材料控制是乙烯项目监理过程中最具挑战性，又最艰巨和复杂的一项工作任务，通过设备材料的有效控制，可以最大限度的实现对工程质量的控制，对保证乙烯装置的一次开车成功奠定了坚实的基础。

二、持续加大资金投入，保持监理装备领先优势

科技是第一生产力，监理企业的科技水平具体体现在检测设备和计算机等办公设备的配备上。彻底避免人为因素，用数据说话，用检测仪器代替个人经验，用科技手段来保证工程质量，通过用科技创新来提高监理服务质量，以不断满足业主对项目建设的高端需求。

多年来，公司高度重视检测设备的投入，配备了全站仪、超声波测厚仪、内部缺陷测定仪、红外测温仪、可燃气体探测器、看谱镜、经纬仪、电火花检漏仪、接地电阻测试仪、涂层测厚仪、测振仪等检测设备共计136种386台（件），并确定专人管理，做好维护和检定工作，保证仪器设备的有

效性。根据监理项目实际需要，合理调配到各项目监理部。公司定期举办各种检测仪器培训班，培训对象为监理部专业工程师，培训的主要内容为基础理论和实际操作。对项目的关键部位和主要工序，专业工程师都要做好检测计划，在施工单位自测的基础上，用自备检测仪器复测并做好检测记录，做到有理有据，保证项目监理部公平公正的第三方角色。公司在总部建有一个工程实验室，购置部分检验和化验仪器设备，配备了 6 名持有专业资格的专职检测工程师，除了对取自现场的样品进行检验外，还根据工程项目需要，不定期派驻施工现场对工程质量进行抽检。

大力提高监理部自动化办公的科技水平，实现信息化管理。每个项目部都购置了扫描仪、打印机、复印机和投影机等办公设备，做到了人手一台笔记本电脑，建立项目驻地局域网络，并借助 VPN 系统通过手机等移动设备实现与公司总部的远程办公，为业主提供优质、高效的监理服务。同时，每个现场专业监理工程师都配备高清晰度的相机，对在现场发现的质量问题和安全隐患全部拍成影像，编辑成图文并茂的电子文件作为检查记录，既便于保存和发送，又基本实现无纸化办公。

三、实施《项目监理工作手册》，实现规范化和标准化管理

随着公司项目增多，人员的增加，业务的扩大，公司原有的粗放型项目管理方式已经不适应企业发展的需要，必须向精细化管理转变。监理工作要坚持"有标准、讲标准、高标准"，通过推行标准化管理提升企业工程项目的整体管理水平和服务质量，从而提升企业竞争力，促进公司持续健康地发展。为实现监理项目的规范化和标准化管理，公司决定按照《建设工程监理规范》规定要求编写《项目监理工作手册》。

公司自 2002 年初启动《项目监理工作手册》的编写工作，参加编写的技术骨干达到 50 多名，中间三易其稿，终于 2003 年 11 月份定稿出版。

此后，每两年修订一次，至今《项目监理工作手册》已经成为公司监理项目最重要的规范标准和工作制度。整个工作手册约 150 万字，共分 16 篇，分别是"总则"、"监理大纲"、"监理规划"、"质量（控制）计划"、"HSE 计划书"、"合同管理"、"进度控制"、"监理月报"、"监理工作总结"、"监理工作制度"、"监理工作用表"、"监理文件归档清单"、"工程项目交工技术文件管理规定"、"工程质量评估报告"和"监理实施细则模板"，其中"监理实施细则模板"又由 16 个主要专业和"旁站监理实施方案"和"平行检验实施方案"组成。

《项目监理工作手册》是根据公司的组织机构和管理模式、《建设工程监理规范》、《石油化工建设工程项目监理规范》及国家颁布的最新施工质量验收规范，并结合现场监理工作经验来组织编写的。目的是使公司的监理工作更加标准化、规范化、格式化和程序化，体现公司整体监理水平。在内容上尽量做到全面、具体，项目监理部只需根据具体的工程项目特点和要求进行删除和少部分增加，做到了规范化、格式化，可操作性强。工作手册对人员职责、工作内容和工作程序做出了具体规定，即使刚入职的新员工，拿到这本手册，也不需要培训即可上岗。《项目监理工作手册》是公司所有工程技术人员集体智慧的结晶，它系统而详尽地总结了公司从事工程监理二十年来的宝贵经验，对公司项目监理工作起到了标准化和规范化作用，提高了工程技术人员的工作效率，同时将公司"齐鲁监理"品牌的建设提升到更高的水平。

《中国建设监理与咨询》征稿启事

《中国建设监理与咨询》是中国建设监理协会与中国建筑工业出版社合作出版的连续出版物，侧重于监理与咨询的理论探讨、政策研究、技术创新、学术研究和经验推介，为广大监理企业和从业者提供信息交流的平台，宣传推广优秀企业和项目。

一、栏目设置：政策法规、行业动态、人物专访、监理论坛、项目管理与咨询、创新与研究、企业文化、人才培养。

二、投稿邮箱：zgjsjlxh@163.com，投稿时请务必注明联系电话和邮寄地址等内容。

三、投稿须知：

1. 来稿要求原创，主题明确、观点新颖、内容真实、论据可靠，图表规范，数据准确，文字简练通顺，层次清晰，标点符号规范。

2. 作者确保稿件的原创性，不一稿多投、不涉及保密、署名无争议，文责自负。本编辑部有权作内容层次、语言文字和编辑规范方面的删改。如不同意删改，请在投稿时特别说明。请作者自留底稿，恕不退稿。

3. 来稿按以下顺序表述：①题名；②作者（含合作者）姓名、单位；③摘要(300字以内)；④关键词(2~5个)；⑤正文；⑥参考文献。

4. 来稿以4000～6000字为宜，建议提供与文章内容相关的图片（JPG格式）。

5. 来稿经录用刊载后，即免费赠送作者当期《中国建设监理与咨询》一本。

本征稿启事长期有效，欢迎广大监理工作者和研究者积极投稿！

欢迎订阅《中国建设监理与咨询》

《中国建设监理与咨询》面向各级建设主管部门和监理企业的管理者和从业者，面向国内高校相关专业的专家学者和学生，以及其他关心我国监理事业改革和发展的人士。

《中国建设监理与咨询》内容主要包括监理相关法律法规及政策解读；监理企业管理发展经验介绍；和人才培养等热点、难点问题研讨；各类工程项目管理经验交流；监理理论研究及前沿技术介绍等。

《中国建设监理与咨询》征订单回执

订阅人信息	单位名称					
	详细地址				邮编	
	收件人				联系电话	
出版物信息	全年（6）期	每期（35）元	全年（210）元/套（含邮寄费用）		付款方式	银行汇款

订阅信息
订阅自2016年1月至2016年12月，_____套（共计6期/年）　　　付款金额合计￥_____元。

发票信息
□我需要开具发票 发票抬头：_____ 发票类型：一般增值税发票 发票寄送地址：□收刊地址　□其他地址 地址：_____邮编：_____收件人：_____联系电话：_____

付款方式：请汇至"中国建筑书店有限责任公司"

银行汇款 □ 户　名：中国建筑书店有限责任公司 开户行：中国建设银行北京甘家口支行 账　号：1100 1085 6000 5300 6825

备注：为便于我们更好地为您服务，以上资料请您详细填写。汇款时请注明征订《中国建设监理与咨询》并请将征订单回执与汇款底单一并传或发邮件至中国建设监理协会信息部，传真010-68346832，邮箱zgjsjlxh@163.com。

联系人：中国建设监理协会　王北卫　孙璐，电话：010-68346832。
中国建筑工业出版社　张幼平，电话：010-58337166
中国建筑书店　电话：010-68324255（发票咨询）

《中国建设监理与咨询》协办单位

 北京市建设监理协会 会长：李伟	 中国铁道工程建设协会 副秘书长兼监理委员会主任：肖上潘	 京兴国际工程管理有限公司 执行董事兼总经理：李明安	 北京兴电国际工程管理有限公司 董事长兼总经理：张铁明
 北京五环国际工程管理有限公司 总经理：李兵	 中国水利水电建设工程咨询北京有限公司 总经理：孙晓博	 鑫诚建设监理咨询有限公司 董事长：严弟勇　总经理：张国明	 北京希达建设监理有限责任公司 总经理：黄强
 山西省建设监理协会 会长：唐桂莲	 山西省建设监理有限公司 董事长：田哲远	 山西煤炭建设监理咨询公司 执行董事兼总经理：陈怀耀	 山西和祥建通工程项目管理有限公司 执行董事：胡蕴　副总经理：段剑飞
 太原理工大成工程有限公司 董事长：周晋华	 山西省煤炭建设监理有限公司 总经理：苏锁成	 山西震益工程建设监理有限公司 董事长：黄官狮	 山西神剑建设监理有限公司 董事长：林群
 山西共达建设工程项目管理有限公司 总经理：王京民	 晋中市正元建设监理有限公司 执行董事兼总经理：李志涌	 运城市金苑工程监理有限公司 董事长：卢尚武	 沈阳市工程监理咨询有限公司 董事长：王光友
 大连大保建设管理有限公司 董事长：张建东　总经理：柯洪清	 吉林梦溪工程管理有限公司 总经理：付文宝	 上海建科工程咨询有限公司 总经理：张强	 上海振华工程咨询有限公司 总经理：徐跃东
 江苏誉达工程项目管理有限公司 董事长：李泉	 连云港市建设监理有限公司 董事长兼总经理：谢永庆	 江苏赛华建设监理有限公司 董事长：王成武	 南通中房工程建设监理有限公司 董事长：于志义
 浙江省建设工程监理管理协会 副会长兼秘书长：章钟	 浙江江南工程管理股份有限公司 董事长总经理：李建军	安徽省建设监理协会 会长：盛大全	 合肥工大建设监理有限责任公司 总经理：王章虎

《中国建设监理与咨询》协办单位

 山东同力建设项目管理有限公司 董事长：许继文	 煤炭工业济南设计研究院有限公司 总经理：秦佳之	 厦门海投建设监理咨询有限公司 总经理：陈仲超	 驿涛项目管理有限公司 董事长：叶华阳
 河南省建设监理协会 会长：陈海勤	 郑州中兴工程监理有限公司 执行董事兼总经理：李振文	 河南建达工程建设监理公司 总经理：蒋晓东	 河南清鸿建设咨询有限公司 董事长：贾铁军
 河南建基工程管理有限公司 总经理：黄春晓	 郑州基业工程监理有限公司 董事长：潘彬	 武汉华胜工程建设科技有限公司 董事长：汪成庆	 长沙华星建设监理有限公司 总经理：胡志荣
 深圳市监理工程师协会 会长：方向辉	 广东工程建设监理有限公司 总经理：毕德峰	 广东华工工程建设监理有限公司 总经理：杨小珊	 重庆赛迪工程咨询有限公司 董事长兼总经理：冉鹏
 重庆联盛建设项目管理有限公司 总经理：雷开贵	 重庆华兴工程咨询有限公司 董事长：胡明健	 重庆正信建设监理有限公司 董事长：程辉汉	 四川二滩国际工程咨询有限责任公司 董事长：赵雄飞
 贵州省建设监理协会 会长：杨国华	 贵州建工监理咨询有限公司 总经理：张勤	 贵州电力工程建设监理公司 经理：袁文种	 云南新迪建设咨询监理有限公司 董事长兼总经理：杨丽
 云南国开建设监理咨询有限公司 执行董事兼总经理：张葆华	 西安高新建设监理有限责任公司 董事长兼总经理：范中东	 西安铁一院工程咨询监理有限责任公司 总经理：杨南辉	 西安普迈项目管理有限公司 董事长：王斌
 西安四方建设监理有限责任公司 董事长：史勇忠	 华春建设工程项目管理有限责任公司 董事长：王勇	 陕西华茂建设监理咨询有限公司 总经理：阎平	 新疆昆仑工程监理有限责任公司 总经理：曹志勇

江苏誉达工程项目管理有限公司

江苏誉达工程项目管理有限公司（原泰州市建信建设监理限公司）坐落于美丽富饶的江南滨江城市泰州，成立于1996年，泰州市首家成立并首先取得住建部审定的甲级资质的监理企现具有房屋建筑甲级、市政公用甲级、人防工程甲级监理造价咨询乙级、招标代理乙级资质。

公司拥有工程管理及技术人员共393人，其中高级职称（含高）38人，中级职称128人，涵盖工民建、岩土工程、钢结构、非水、建筑电气、供热通风、智能建筑、测绘、市政道路、园林、黄等专业。拥有国家注册监理工程师44人，注册造价师10人，及建造师8人，注册结构工程师2人、人防监理工程师78人、全工程师4人、设备监理工程师2人、江苏省注册监理工程53人。十多人次获江苏省优秀总监或优秀监理工程师称号。

公司自成立以来，监理了200多个大、中型工程项目，主业务类别涉及住宅（公寓）、学校及体育建筑、工业建筑、疗建筑及设备、市政公用及港口航道工程等多项领域，有多项工程获得省级优质工程奖。

1999年以来，公司历届被江苏省住建厅或江苏省监理协会为优秀或先进监理企业，2008年被江苏省监理协会授予"建理发展二十周年工程监理先进企业"荣誉称号。

公司的管理宗旨为"科学监理，公正守法，质量至上，诚服务"，落实工程质量终身责任制和工程监理安全责任制，2007年以来连续保持质量管理、环境管理及健康安全体系认格。

公司注重社会公德教育，加强企业文化建设，创建学习型业，打造"誉达管理"品牌，努力为社会、为建设单位提供的监理（工程项目管理）服务。

常州大学怀德学院

靖江市体育中心

靖江港城大厦

：泰州新区医院　　　海南龙沐湾海景公寓

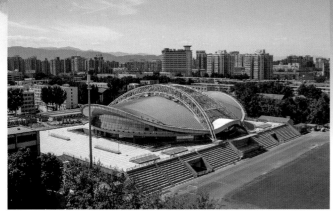

北京理工大学体育馆（奥运场馆）

北京地铁 5 号线机电安装

鄂尔多斯国泰商务广场

新城国际公寓

济南垃圾焚烧发电厂

国家金融信息大厦

背景：石家庄中银广场

北京五环国际工程管理有限公司

　　北京五环国际工程管理有限公司（原北京五环建设监理公司）成立于 1989 年，是全国首批试点监理单位之一，为我国建设监理事业的开创和发展作出了有益的探索和较大的贡献，是中国建设监理协会常务理事单位、北京建设监理协会副会长单位、中国兵器工业建设协会监理分会副会长单位。公司于 1996 年通过了质量体系认证，2006 年通过了环境管理体系和职业健康安全管理体系认证。2009 年取得住房和城乡建设部核发的建设工程监理综合资质，可承担所有专业工程类别的建设工程监理和项目管理、技术及造价咨询。公司持有招标代理资质，可承担招投标代理服务。

　　公司现有员工 400 余人，专业配套齐全，员工中具有高、中级以上技术职称的人员占 80% 以上，其中具有国家各类注册执业资格的人员占 40% 以上。公司的重点业务领域涉及房屋建筑工程、轨道交通工程、烟草工业工程和垃圾焚烧发电工程、市政公用工程等。公司成立以来，先后在京内外共承担并完成了 1000 余项工程的监理工作，监理的总建筑面积达 2000 多万平方米，其中近百项工程分别获得北京市及其他省市地方优质工程奖、詹天佑奖、鲁班奖以及国家优质工程奖。公司已有多人次被住房和城乡建设部、中国建设监理协会和北京市建设监理协会授予先进监理工作者、优秀总监理工程师和优秀监理工程师称号，公司也多次被评为全国和北京市先进建设监理单位。

　　公司积多年的监理和管理经验，建立了完善的管理制度，实现了监理工作的标准化、程序化和规范化。公司运用先进的检测设备和科学的检测手段，为工程质量提供可靠的保障；公司通过自主开发和引进的先进管理软件，建立了办公自动化管理平台和工程建设项目管理信息系统，实现了计算机辅助管理和工程信息化管理，提高了管理水平、管理质量和工作效率。近年来，公司不断适应所面临的经济形势和市场环境，谋求可持续发展，更新经营理念，拓展经营和服务范围，以为业主提供优质服务为企业生存之本，用先进的管理手段和一流的服务水平，为业主提供全方位的工程监理、项目管理和技术咨询服务。

地　址：北京市西城区西便门内大街 79 号 4 号楼
电　话：010-83196583
传　真：010-83196075

沈阳市工程监理咨询有限公司
SHENYANG ENGINEERING SUPERVISION&CONSULTATION CO.,LTD.

沈阳市工程监理咨询有限公司（沈阳监理）成立于1993年，原隶属沈阳市建委，2005年改制为有限公司。2014年8月14日召开沈阳市诚信"红黑榜"新闻发布会并在媒体上公布，公司荣登沈阳市监理企业红榜榜首，获得辽沈地区建设单位的认可与好评，是连续十年的省市先进监理企业，是多年的辽沈守合同重信用企业。

公司拥有住建部批准的房屋建筑、市政公用、公路和通信工程甲级监理资质，机电安装、电力和水利水电工程乙级监理资质，是商务部备案批准的对外援助成套项目和对外承包工程施工监理企业，已通过ISO9001质量管理体系、环境管理体系及职业健康安全管理体系三整合体系认证。现有人员530人，拥有国家注册证书的人员118人，其中建设部国家注册监理工程师82人、国家注册一级建造师12人、国家注册造价工程师5人，交通部注册监理工程师25人，援外备案监理工程师91人。

公司全面建立并完善了现代企业的管理制度，力求做监理咨询、工程卫士，遵纪守法，将社会效益放在首位，用优质的服务产品、高效的咨询管理为客户提供优质的服务，拓展国内外市场。

公司与万科、华润、香港恒隆、香港新世界等国内外知名品牌地产商共同成长，并获得了他们的信任和支持。在援非盟会议中心项目中商务部领导给予公司"讲政治、顾大局"的高度评价，承担了援加蓬体育场、援斯里兰卡国家艺术剧院、莫桑比克马普托国际机场、莫桑比克贝拉N6公路、马达加斯加五星级酒店等70多项援外和国际工程承包项目监理及管理服务工作。

近年来，公司承担监理和实施项目管理的国内外工程项目所获奖项涵盖面广，囊括了建设部的所有奖项和市政部门的最高奖项。共荣获国家级奖项9项，省市奖项近百项，多次的省检国检获得建设管理部门的表彰。

自2010年起，公司已经意识到作为辽沈地区龙头企业的发展方向，积极开拓新产品，顾问咨询，项目实施过程中和交付前的第三方评估，政府咨询顾问、全过程项目管理业务全面展开，并获得了所服务客户的认可与好评，满足了建设单位对优质顾问咨询服务的迫切要求，通过与华润、幸福基业、万科、康平新城、浑南新城的合作，既为克服目前的经济周期奠定了基础，也打造了一支过硬的管理咨询团队，向国际一流的咨询管理企业学习，实现公司向外埠要项目、向国外要发展、走出去的战略，早日实现打造集工程监理与项目管理一体化，投资、融资于一身的诚信、名牌的国际工程管理顾问公司，成为中国监理行业的领跑者。

地　址：沈阳市浑南新区天赐街7号曙光大厦C座9F
电　话：024—23769822　024—22947927
传　真：024—23769541
网　址：http://www.syjlzx.com

非盟会议中心

万科金域蓝湾

中国医科大学附属第一医院

沈阳皇城恒隆广场

奥体中心

马普托国际机场

山西和祥建通工程项目管理有限公司

太原第一热电厂六期扩建 2×300MW 机组工程

山西和祥建通工程项目管理有限公司（简称"和祥建通"）成立于1991年，是华电集团旗下唯一具有"双甲"资质（电力工程、房屋建筑工程）的监理企业。主营业务有工程监理、项目管理、招标代理、机械租赁及相关技术服务。

公司现为中国建设监理协会、中国电力建设企业协会、中国建筑业协会机械管理与租赁分会、山西省招投标协会、山西省工程造价管理协会会员单位，山西省建设监理协会副会长单位。

公司的业务范围涉及电力、新能源、房屋建筑、市政、造价咨询等多个专业领域，迄今为止共监理电力项目106项，总装机容量5260万kW；电网项目434项，变电容量6800万kVA，输电线路18000km；工业与民用建筑项目44个，建筑总面积90万 m²。

和瑞煤层气发电

项目管理承包建设的阳城发电厂（6×350MW 机组）

公司以丰富的项目管理和工程监理经验，完善的项目管理体系，成熟的项目管理团队和长期的品牌积累，构成了和祥建通独特的综合服务优势，创造了业内多项第一，多项工程获得了国家鲁班奖、国家优质工程银质奖、中国电力工程优质奖。

在全国，第一家监理了60万kW超临界直接空冷机组、30万kW直接空冷供热机组、20万kW间接空冷机组，第一家监理了1000kV特高压输电线路设计，第一家监理了煤层气发电项目，第一家开展了机械租赁业务；第一家实现了监理企业向工程项目管理企业的转型，第一家监理了垃圾焚烧发电项目，第一家监理了煤基油综合利用发电项目，第一家监理了燃气轮机空冷发电项目。

项目管理承包建设的武乡电厂（2×600MW 机组）

公司连续12年被评为山西省建设监理先进单位。2007年被评为全国建筑机械设备租赁50强企业、太原高新区纳税10强企业；2008年获得三晋工程监理企业20强荣誉称号、第十届全国建筑施工企业、建筑机械租赁企业设备管理优秀单位；2010年获得全国先进工程监理企业；2011年获得华电集团公司四好领导班子创建"先进集体"称号。

回顾过去，我们的企业在开拓中发展，在发展中壮大，曾经创造过辉煌；放眼未来，面对新的机遇和挑战，我们将迈入一个全新的跨越式战略发展阶段。我们的使命是：推动工程管理进步；我们的愿景是：成为受推崇、可信赖的工程管理专家；和祥建通人将"秉和致祥·善建则通"的核心价值观持续改进、追求卓越、成就所托、超越期待是我们永恒的目标和庄重的承诺！

中电投大连甘井子热电 2×300MW 机组工程

地　址：山西省太原市高新区产业路 5 号科宇创业园
邮　编：030006
Email: hxjtzhb@163.com

锦屏二级水电站引水隧洞TBM[锦屏2号S-405]试掘进剪彩仪式
TBM Gate Opening Ceremony for Headrace Tunnels of Jinping-II Hydropower Project
二滩国际监理

溪洛渡水电工程

二滩水电工程

溪洛渡

瀑布沟地下厂房工程

四川二滩国际工程咨询有限责任公司
Sichuan Ertan International Engineering Consulting Co., Ltd.

　　二十年前，四川二滩国际工程咨询有限责任公司（简称：二滩国际）于大时代浪潮中应运而生，肩负着治水而存的使命，从二滩水电站大坝监理起步，萃取水的精华，伴随着水的足迹成长。如今，作为中国最早从事工程监理和项目管理的职业监理人，公司已从单纯的水电工程监理的领军者蜕变成为综合性的工程管理服务提供商，从水电到市政、从南水北调到城市地铁、从房屋建筑到道路桥梁、从水电机电设备制造及安装监理到TBM盾构设备监造与运管，伴随着公司国际市场的不断拓展和交流，业务范围已涉足世界多个地区。

　　二滩国际目前拥有工程建设监理领域最高资质等级——住房和城乡建设部工程监理综合资质、水利部甲级监理资质、设备监理单位资格、人民防空工程建设监理资质、商务部对外承包工程资质以及国家发改委甲级咨询资质，获得了质量、环境、职业健康安全（QEOHS）管理体系认证证书。2009年公司通过首批四川省"高新技术企业"资格认证，走到了科技兴企的前沿。

　　二滩国际在工程建设项目管理领域，经过多年的历练，汇集了一大批素质高、业务精湛、管理及专业技术卓越的精英人才。不仅拥有行业内首位中国工程监理大师，而且还汇聚了工程建设领域的精英800余人，其中具有高级职称109人，中级职称193人，初级职称206人；各类注册监理工程师161人，国家注册咨询工程师9人，注册造价工程师25人，其他各类国家注册工程师20人；41人具备总监理工程师资格证书，23人具有招标投标资格证。拥有包括工程地质、水文气象、工程测量、道路和桥梁、结构和基础、给排水、材料和试验、金属结构、机械和电气、工程造价、自动化控制、施工管理、合同管理和计算机应用等领域的技术人员和管理人员，这使得二滩国际不仅能在市场上纵横驰骋，更能在专业技术领域发挥精湛的水平。

　　二滩国际是我国最早从事水利水电工程建设监理的单位之一，先后承担并完成了四川二滩水电站大坝工程，山西万家寨引黄入晋国际Ⅱ、Ⅲ标工程，四川福堂水电站工程，格鲁吉亚卡杜里水电站工程，新疆吉林台一级水电站工程，广西龙滩水电站大坝工程等众多水利水电工程的建设监理工作。目前承担着溪洛渡水电站大坝工程、贵州构皮滩水电站大坝工程、四川瀑布沟地下厂房工程、四川长河坝水电站大坝工程、四川黄金坪水电站、四川毛尔盖水电站、四川亭子口水利枢纽大坝工程、贵州马马崖水电站、四川安谷水电站、缅甸密松水电站、锦屏二级引水隧洞工程、金沙江白鹤滩水电工程等多个水利水电工程的建设监理任务。其中公司参与承建的二滩水电站是我国首次采用世行贷款，FIDIC合同条件的水电工程，由我公司编写的合同文件已被世行作为亚洲地区的合同范本，240m高的双曲拱坝当时世界排名第三，承受的总荷载980万吨，世界第一，坝身总泄水量22480m³/s；溪洛渡水电站是世界第三，亚洲第二，国内第二大巨型水电站；锦屏Ⅱ级水电站引水隧洞工程最大埋深2525m，是世界第二，国内第一深埋引水隧洞，也是国内采用TBM掘进的最大洞径水工隧洞；瀑布沟水电站是我国已建成的第五大水电站，它的GIS系统为国内第二大输变电系统；龙滩水电站大坝工程最大坝高216.5m，世界上最高的碾压混凝土大坝；构皮滩水电站大坝最大坝高232.5m，为喀斯特地区世界最高的薄拱坝。

　　二滩国际将通过不懈的努力和追求，为工程建设提供专业、优质的服务，为业主创造最佳效益。作为国企，我们还将牢记社会责任，坚持走可持续的科学发展之路，保护环境，为全社会全人类造福！

瓮福达州 30 万 t／年湿法磷酸工程（获评全国化学工业优质工程奖、化工行业优秀工程监理项目奖）

玉溪矿业有限公司大红山铜矿 3 万 t／年精矿西部矿段采矿工程施工中的箕斗井

西气东输二线钱塘江盾构工程（获评化工行业优秀工程监理项目）

开阳磷矿 400 万 t／年技改工程用沙坝矿沙沟废石胶带斜井工程（获评 2013 年度中国有色金属工业优质工程）

中国蓝星沈阳化工基地工程（获评化工行业优秀工程监理项目）

中国蓝星海南航天化工有限公司文昌 1.5m³/h 液氢、1：3.5m³/h 液氮、2：5m³/h 液氧工程

蓝星化工（南通）新材料产业基地项目群（包括 9 万 t／年双酚 A 装置、6 万 t／年 PBT 树脂装置、PBT 改性工艺装置，3 万 t／年改性工程塑料和 1550t／年彩色显影剂装置及其公用工程设施）

长沙德思勤城市广场项目（占地 555 亩、总建筑面积 156 万 m²）

中亚合资 3 万 t／年氯丁橡胶工程

长沙华星建设监理有限公司
CHANGSHA HUAXING CONSTRUCTION SUPERVISION CO., LTD

长沙华星建设监理有限公司成立于 1995 年，是建设部批准的最早一批国有甲级监理企业，前身为 1990 年成立的化工部长沙设计研究院建设监理站，隶属中国化工集团。系中国建设监理协会理事单位、湖南省建设监理协会会长单位和中国建设监理协会化工分会副会长单位。

公司拥有房屋建筑工程、矿山工程、化工石油工程和市政公用工程等 4 项甲级监理资质和机电安装工程乙级监理资质，并获得政府代建和无损检测资质。可承担房屋建筑、化工、石油、矿山、市政、机电安装等工程的监理、项目管理、技术咨询以及无损检测、政府代建等业务。

1998 年以来，公司连续被国家住建部、中国建设监理协会、湖南省住建厅、湖南省建设监理协会授予"先进工程监理企业"、"中国建设监理创新发展 20 年工程监理先进企业"、"湖南省建筑业改革与发展先进单位"等荣誉称号。2009 年以来连续被湖南省监理协会评为 AAA 级诚信监理企业。

公司成立以来，始终坚持科学化、规范化、标准化管理，逐步建立了科学系统的管理体系，于 1999 年取得 GB/T1900 质量管理体系认证证书，2009 年取得符合 GB/T19001、GB/T24001、GB/T28001 等 QHSE 管理体系标准要求的质量、环境和职业健康安全管理体系认证证书。

公司设置了化工、土建、公用工程、矿山等专业室和无损检测中心及信息资料室，专业配套齐全，拥有一支既懂技术又懂管理的包括工程技术、造价咨询、法律事务、企业管理等专业的高级技术人才队伍。各类检测仪器设施及管理软件配套完善。

公司秉持"一个工程，一座丰碑"的企业发展宗旨，坚持以专业室与项目监理部相结合的矩阵式管理统筹工程监理项目的具体实施，同时运用远程视频系统和项目管理大师信息平台全面实施标准化项目管理。公司坚持诚信监理、优质服务，业务快速发展，客户遍及全国，并与中石油、中石化、中水电、中化化肥、青海盐湖、开阳磷矿、湖北兴发、云南磷化、加拿大 MAG 公司等企业集团建立了长期战略合作关系，并已进入老挝、越南、刚果等国家开展监理业务。一批项目获得国家建设工程鲁班奖、国家优质工程银质奖、全国化学工业优质工程奖、湖南省建设工程芙蓉奖、优秀工程监理项目奖等国家和省部级奖项，受到顾客、行业和社会的广泛关注和认可，取得了良好的经济效益和社会效益。

地　址：湖南省长沙市雨花区洞井铺化工部长沙设计院内
邮　编：410116
电　话：0731-85637457　0731-89956658
传　真：0731-85637457
网　址：http://www.hncshxjl.com
E-mail：hncshxjl@163.com

三环快速化北三环中州大道互通立交
项目

九江国际金融广场项目

厦门高崎国际机场 T4 航站楼项目

郑州市轨道交通一号线项目

郑东新区管理服务中心项目

国家优质工程奖、国家钢结构金奖——贵州中烟工业公司贵阳卷烟厂易地搬迁技
术改造项目

绿地中央广场项目

鲁班奖——郑州市京广快速路项目

援外项目——科特迪瓦－阿苏合堤互通
项目

中兴监理

郑州中兴工程监理有限公司

　　郑州中兴工程监理有限公司是国内大型综合设计单位——机械工业第六设计研究院有限公司的全资子公司，隶属于大型中央企业——中国机械工业集团公司，是中央驻豫单位，公司有健全的人力资源保障体系，有独立的用人权、考核权和分配权。具备多项跨行业监理资质，是河南省第一家获得"工程监理综合资质"的监理企业；同时具有交通运输部公路工程监理甲级资质、人防工程监理甲级资质及招标代理资质和水利工程监理资质。公司充分依靠中机六院和自身的技术优势，成立了公司自己的设计团队（中机六院有限公司第九工程院），完善了公司业务链条。公司成立了自己的 BIM 研究团队，为业主提供全过程的 BIM 技术增值服务；同时应用自己独立研发的 EEP 项目协同管理平台，对工程施工过程实行了高效的信息化管理及办公。目前公司的服务范围由工程建设监理、项目管理、工程招标代理，拓展到工程设计、工程总承包（EPC）、工程咨询、造价咨询、项目代建等诸多领域，形成了具有"中兴特色"的服务。

　　公司自成立以来，连续多年被住房和城乡建设部、中国建设监理协会、中国建设监理协会机械分会、省建设厅、省建设监理协会等建设行政和行业主管部门评定为国家、部、省、市级先进监理企业；自 2004 年建设部开展"全国百强监理单位"评定以来，我公司是河南省唯一一家连续入围全国百强的监理企业（最新全国排名第18 位），也是目前河南省在全国百强排名中最靠前的监理企业。是河南省唯一一家连续五届荣获国家级"先进监理企业"荣誉称号的监理企业、河南省唯一一家荣获全国"共创鲁班奖工程优秀监理企业"，是河南省第一批通过质量、环境及职业健康安全体系认证的监理企业。

　　近几年来，公司产值连年超亿，规模河南第一。近年来监理过的工程获"鲁班奖"及国家优质工程 18 项、国家级金奖 5 项，国家级市政金杯示范工程奖 3 项，省部级优质工程奖 200 余项，是河南省获得鲁班奖最多的监理企业。

　　公司现有国家注册监理工程师 182 人，注册设备监理工程师、注册造价师、一级注册建造师、一、二级注册建筑师、一级注册结构师、注册咨询师、注册电气工程师、注册化工工程师、人防监理师共 225 人次；有近 200 余人次获国家及省市级表彰。

　　经过近 20 年的发展，公司已成为国内颇具影响，是河南省规模最大、实力最强的监理公司之一；国内业务遍及除港澳台及西藏地区以外的所有省市自治区，国际业务涉及亚洲、非洲、拉丁美洲等二十余个国家和地区；业务范围涉及房屋建筑、市政、邮电通信、交通运输、园林绿化、石油化工、加工冶金、水利电力、矿山采选、农业林业等多个行业。公司将秉承服务是立企之本、人才是强企之基、创新是兴企之道的理念，用我们精湛的技术和精心的服务，与您的事业相结合，共创传世之精品。

地　址：河南省郑州市中原中路 191 号
电　话：0371-67606789、67606352
传　真：0371-67623180
邮　箱：zxjl100@sina.com
网　址：www.zhongxingjianli.com
邮　编：450007

总经理苏锁成、党委书记曹进忠

管理团队

山西潞安集团高河矿井获鲁班奖

山西煤炭大厦
获鲁班奖

同煤浙能集团麻家梁年产 1200 万 t 煤矿

山西煤炭运销集团泰山隆安煤业有限公司
获国家优质工程奖

国投昔阳白羊岭煤矿获"太阳杯"奖

山西省煤炭建设监理有限公司

　　山西省煤炭建设监理有限公司是山西省煤炭工业厅直属国有企业，成立于 1996 年 4 月。具有建设部颁发的矿山工程甲级、房屋建筑工程甲级、机电安装工程乙级、市政公用工程乙级监理资质；具有煤炭行业颁发的矿山建设、房屋建筑、市政及公路、地质勘探、焦化冶金、铁路工程、设备制造及安装工程甲级监理资质。同时，还获得了省煤炭工业厅生产能力核定资质，省环保厅批准的环境工程监理资质。公司为中国建设监理协会会员单位，山西省建设监理协会副会长单位，中国煤炭建设协会理事单位，中国设备监理协会、山西省煤炭工业协会的会员单位。

　　公司现有职工 1641 人。其中国家注册监理工程师 50 人，国家注册造价师 3 人，一级建造师 1 人，国家安全师 5 人，国家注册设备监理师 16 人。行业监理工程师 913 人，省级监理工程师 120 人，监理员 79 人，见证员 674 人。公司现有办公场所 2200m²，配备有现代化办公设施及监理装备。公司机关设有六部十一室：综合事务部、市场开发部、项目管理部、计划财务部、多种经营工作部、党群工作部；十一室：办公室、人力资源和社会保险室、设备和资料采购供应室、后勤服务管理室、投标管理室、监理合同管理室、业务承揽管理室、安全质量管理室、职工教育管理室、信息化办公管理室、对外财务经营室。公司在 2004 年获得了方圆标志认证中心颁发的质量管理体系认证证书，于 2014 年完成环境管理体系、职业健康安全管理体系的引入、实施、运行并通过认证，从而实现质量、环境、职业健康安全三个管理体系一体化。

　　公司目前在建监理项目 400 多个。其中，年产千万吨级以上的矿井有西山晋兴斜沟年产 3000 万 t / 年煤矿、同煤浙能集团麻家梁年产 1200 万 t / 年煤矿、同煤集团同发东周窑年产 1000 万 t / 年煤矿、霍州煤电庞庞塔年产 1000 万 t / 年煤矿；荣获中国建设"鲁班奖"的工程有山西潞安高河矿井工程及选煤厂工程、府西公寓工程；荣获煤炭行业工程质量"太阳杯"奖的有山西乡宁焦煤集团申南凹矿井副立井井筒工程、山西潞安余吾煤业屯南煤矿南进和回风立井井筒工程、山西晋煤集团赵庄矿副斜井井筒工程、山西阳泉保安煤矿主立井井筒及相关硐室工程、山西阳泉市上社煤炭公司办公楼工程；太原煤气化龙泉矿井项目监理部荣获全国煤炭行业"双十佳"项目监理部。公司监理项目遍布河南、内蒙古、新疆、海南、陕西等省份，在北京、贵州设立了分公司，并于 2013 年成功尝试走出国门，进驻了刚果（金）市场。此外，为实现企业的可持续发展，公司制定了"以监理为主业，多元化发展、多渠道创收"的经营思路，目前已启动七个新项目，分别是山西兴煤投资有限公司、山西美信工程监理有限公司、山西锁源电子科技有限公司、山西众源宏科技有限公司、山西春成煤矿勘察设计有限公司、山西保利绿洲装饰设计有限公司、贵州晋黔煤炭科技经贸有限公司。

　　2002 年以来，公司每年均被中国煤炭建设协会评为"煤炭行业工程建设先进监理企业"，被山西省建设监理协会评为"先进建设监理企业"，被山西省煤炭工业基本建设局评为"煤炭基本建设先进集体"。2009 年至今，公司党委每年都被山西省煤炭工业厅党组评选为"先进党组织"，山西省直机关精神文明建设委员会授予"文明和谐单位标兵"，山西省直工委授予"党风廉政建设先进集体"荣誉称号。从 2007 年以来，公司综合实力排名一直位于全国煤炭建设监理企业前列，连续 6 年在全国煤炭系统监理企业排名第一；从 2011 年起，在全省建设监理企业中排名第一，并迈入全国监理企业 100 强，2012 年位列 11 名。

　　公司认真贯彻落实科学发展观，确立"以监理为主、多元化发展"的发展战略；恪守"诚信、创新永恒，精品、人品同在"的经营理念；以人为本、以法治企、以德兴企、以文强企，坚持以"忠厚吃苦、敬业奉献、开拓创新、卓越之上"的"山西煤炭精神"为标杆，要求每一位员工从我做起，把公司的信誉放在首位，充分发挥优质监理特色服务的优势，力求做到干一个项目，树一面旗帜，建一方信誉，交一方朋友，拓一方市场。

中国民生银行总部基地

长白山万达项目

几内亚国家体育馆

南京熊猫 8.5 代液晶显示器工程

信息系统监理－昆明国际机场

北京希达建设监理有限责任公司

　　北京希达建设监理有限责任公司始于 1988 年，隶属于中国电子工程设计院，具备工程监理综合资质、信息系统工程监理甲级资质、设备监理甲级资质和人防工程监理甲级资质。

　　公司的业务范围包括建设工程全过程项目管理、造价咨询、招标代理、建设监理、信息系统监理和设备监理等相关技术服务，涵盖各类工业工程和民用建筑，业务涉及通信信息、医疗建筑、生物医药、航空航天、能源化工、节能环保、电力工程、轻工机械、市政公用工程、铁路建设和海外工程，其中在机场建设、数据中心、城市综合体、大型综合医院和医药工程、微电子净化厂房等领域具有突出优势。

　　近年来公司承担了众多的国家及地方重点工程建设监理工作，如首都国际机场、石家庄国际机场、昆明国际机场、中国移动数据中心、国网数据中心、中国民生银行总部、北大国际医院、万达广场、几内亚国家体育场、塞内加尔国家剧院、上海华力 12 吋半导体、南京熊猫 8.5 代 TFT、黄骅铁路等。获得鲁班奖、詹天佑奖、国优工程及省部级奖项近百个，公司连续多年获得国家和北京市优秀监理单位称号。

　　公司拥有完善的管理制度、健全的 ISO 体系，实现了信息化管理。近年来多人获得全国优秀总监、优秀工程师称号，拥有高效、专业的项目管理团队。

石家庄国际机场改扩建工程

北京大学国际医院

荣誉墙一瞥　　　　　　海投监理代表业绩之海投大厦

员工交流

辉煌的监理业绩

海投监理最棒——海西建设奋勇向前！

背景：滨湖花园

厦门海投建设监理咨询有限公司

厦门海投集团全资企业，系房屋建筑工程监理甲级、市政公用工程监理甲级、机电安装工程监理乙级、港口航道工程监理乙级、水利水电工程监理丙级、人防工程监理丙级国有企业。企业实施 ISO9001：2008、ISO14001 和 OHSAS18001 即质量/环境管理/职业健康安全三大管理体系认证，是福建省人民政府和厦门市人民政府"守合同，重信用"单位、中国建设行业资信 AAA 级单位、福建省省级政府投资项目和厦门市市级政府投资项目代建单位、福建省和厦门市先进监理企业、厦门市诚信示范企业。先后荣获中国建设报"重安全、重质量"荣誉示范单位、福建省质量协会"讲诚信、重质量"单位和"质量管理优秀单位"及"重质量、讲效益"和"推行先进质量管理优秀企业"福建省质量网品牌推荐单位、厦门市委市政府"支援南平市灾害重建对口帮扶先进集体"、厦门市创建优良工程"优胜单位"、创建安全文明工地"优胜单位"和建设工程质量安全生产文明施工"先进单位"、中小学校舍安全工程监理先进单位"文明监理单位"、南平"灾后重建安全生产先进单位"、厦门市总工会"先进职工之家"等荣誉称号。

公司坚持以立足海沧、建设厦门、服务业主、贡献社会为企业的经营宗旨，本着"优质服务，廉洁规范"、"严格监督、科学管理、讲求实效、质量第一"的原则，依托海投系统雄厚的企业实力和人才优势，坚持高起点、高标准、高要求的发展方向，积极引进各类中高级工程技术人才和管理人才，拥有一批荣获省、市表彰的优秀总监、专监骨干人才。形成了专业门类齐全的既有专业理论知识，又有丰富实践经验的优秀监理工程师队伍。运用先进的仪器设施和完备的专业监理设备，依靠自身的人才优势、技术优势和地缘优势，竭诚为广大业主服务。监理业务已含括商住房建、市政道路、工业厂房、钢架结构、设备安装、园林绿化、装饰装修、人民防空、港口航道、水利水电等工程。公司业绩荣获全国优秀示范小区称号、詹天佑优秀住宅小区金奖和广厦奖。一大批项目荣获省市闽江杯、鼓浪杯、白鹭杯等优质工程奖，一大批项目被授予省市级文明工地、示范工地称号。

公司推行监理承诺制，严格要求监理人员廉洁自律，认真履行监理合同，并在深化监理、节约投资、缩短工期等方面为业主提供优良的服务，受到了业主和社会各界的普遍好评。

地　址：厦门市海沧区钟林路 8 号海投集团大厦 15 楼
邮　编：361026
电　话：0592-6881023（办公）　6881025（业务）
网　址：www.xmhtjl.cn